改訂28版

第二種電気工事士

筆記試験　合格テキスト

解　答

第1章　電気理論

電気理論 1　(p.4)

1.　（ロ）　式⑥　→　$R_{2//2}=\dfrac{2}{2}=1$

　　　式⑤　→　$R_{3//6}=\dfrac{3\times6}{3+6}=2$

　　　式④　→　$R_{1-2}=1+2=3$

　　　式④　→　$R_{6//3}=\dfrac{6\times3}{6+3}=2$ 〔Ω〕

2.　（ハ）　式②　→　4〔Ω〕の電流$=2$〔A〕$\times\dfrac{2}{4}=1$

　　　　　　　全電流$=2+1=3$

　　　式④⑤　→　合成抵抗$=R_{2//4}+R_{1//2}=\dfrac{2\times4}{2+4}+\dfrac{1\times2}{1+2}=2$

　　　式①　→　$V=2\times3=6$〔V〕

3.　（イ）　式①　→　2〔Ω〕の電流$=\dfrac{8}{2}=4$

　　　式②　→　$I=4\times\dfrac{2}{6+2}=1$〔A〕

4.　（ニ）　式⑥　→　$R_{16//16}=\dfrac{16}{2}=8$

　　　式⑤　→　$R_{3//6}=\dfrac{3\times6}{3+6}=2$

　　　式③　→　$V_{ab}=100\times\dfrac{8}{8+2}=80$〔V〕

5.　（ハ）　式③　→　$V_a=100\times\dfrac{20}{80+20}=20$

　　　　　　　右20〔Ω〕は回路が切れているので
　　　　　　　電流は流れない　→　$I=0$

　　　式①　→　$V_b=20\times0=0$

　　　例6　→　$V_{ab}=V_a-V_b=20-0=20$〔V〕

6.　（ロ）　式④⑤　→　$R=\dfrac{6\times3}{6+3}+6=8$

　　　式①　→　$I=\dfrac{24}{8}=3$

　　　式②　→　3〔Ω〕の電流$=3\times\dfrac{6}{6+3}=2$〔A〕

7.　（ニ）　60〔Ω〕はSで短絡されるので$R_{60//s}=0$
　　　$R_{40-0}=40+0=40$〔Ω〕

　　　式①　→　$I=\dfrac{120}{40}=3$〔A〕

8.　（ハ）　式③　→　30〔Ω〕の電圧

　　　　　$V_b=200\times\dfrac{30}{10+30}=150$〔V〕

　　　例6　→　$V_{ab}=V_a\sim V_b=150-100=50$〔V〕

電気理論 2　(p.6)

1.　（ロ）　導電率の比　$\sigma=64/100=0.64$〔倍〕

　　　式③　→　$\dfrac{1}{0.64}\times\dfrac{1}{\left(\dfrac{d}{4}\right)^2}=1$　→　$d=5$〔mm〕

2.　（ロ）　Aの断面図　$A_A=\pi\times0.8^2=2$〔mm^2〕
　　　同一材料　→　$\sigma=1$〔倍〕

　　　式③　→　R〔倍〕$=\dfrac{\dfrac{200}{100}}{\dfrac{8}{2}}=\dfrac{1}{2}$

3.　（ロ）　断面積　$A=\pi\times1^2=3.14$〔mm^2〕

　　　式①　→　$R=0.017\times\dfrac{185}{3.14}=1$〔Ω〕

4.　（ニ）　式③　→　$R=\dfrac{1}{\sigma}\cdot\dfrac{\ell}{d^2}=\dfrac{1}{1}\cdot\dfrac{A}{B^2}=\dfrac{A}{B^2}$ 〔倍〕

5.　（ロ）

　　　　　　　イ，ロ，ハ，ニの断面積と材質を比べると，

　　　　　　　イ：$\pi\times1.0^2=3.14$〔mm^2〕　銅

　　　　　　　ロ：$\pi\times1.0^2=3.14$〔mm^2〕　アルミニウム

　　　　　　　ハ：　　　　　5.5〔mm^2〕　銅

　　　　　　　ニ：$\pi\times1.3^2=5.3$〔mm^2〕　アルミニウム

　　　　　　　銅のρ＜アルミニウムのρ

　　　式①　→　断面積が小さくρの大きいロの抵抗
　　　　　　　が最大

電気理論 4　(p.10)

1.　（ロ）　式⑥　→　$I=\sqrt{8^2+6^2}=10$〔A〕

2.　（ハ）　式③　→　$Z=\sqrt{6^2+8^2}=10$

　　　式④　→　$I=\dfrac{100}{10}=10$

　　　式①　→　$V=6\times10=60$〔V〕

3.　（イ）　式⑦　→　$I=8-6=2$〔A〕

　　　　　　　I_LとI_Cは打ち消し合う

4.　（ニ）　コイルのXは周波数に比例するので

　　　式②　→　$I=\dfrac{V}{X_L}$

　　　より，電流Iは周波数に反比例する。

　　　　　　　$I=6\times\dfrac{50}{60}=5$〔A〕

5.　（ニ）　iはvより$90°$進む

電気理論 5（p.13）

1.（イ）式④ → $\cos\theta = \dfrac{R}{Z} = \dfrac{R}{\sqrt{R^2+X^2}}$

2.（イ）

⑥ → 電気ストーブは抵抗体の発熱器具で力率 100％。他はいずれもリアクタンスを含む。

3.（ハ）p.8 式③ → $Z = \sqrt{12^2+16^2} = 20$

p.8 式④ → $I = \dfrac{100}{20} = 5$〔A〕

式④ → $\cos\theta = \dfrac{12}{20} = 0.6 \to 60$〔％〕

4.（ハ）式② → $P = 8 \times 10^2 = 800$〔W〕

5.（ロ）式⑦ → $(100 \times 5 + 100 \times 4 \times 0.8) \times 24 \times 10$
$= 196{,}800$〔Wh〕$= 197$〔kWh〕

6.（ニ）式③ → $I = \dfrac{P}{V\cos\theta} = \dfrac{40\times6}{100\times0.6} = 4$〔A〕

7.（ハ）式⑤ → $\cos\theta = \dfrac{8}{10} = 0.8 \to 80$〔％〕

8.（ニ）式④ → $\cos\theta = \dfrac{80}{100} = 0.8 \to 80$〔％〕

9.（イ）式① → $P = 0.5 \times 10^2 = 50$

式⑧ → $W = 50 \times 1 \times 3600 = 180{,}000$〔J〕
$= 180$〔kJ〕

10.（ハ）60〔kg〕を 20〔K〕上昇 →
$60 \times 20 \times 4.2 \fallingdotseq 5 \times 10^3$〔kJ〕

1〔kWh〕$= 3600$〔kJ〕だから

必要電力量 $= \dfrac{5 \times 10^3}{3600} \fallingdotseq 1.4$〔kWh〕

（比熱とは，物質 1〔kg〕を 1〔K〕温度上昇させるエネルギー）

第 2 章　配電理論

配電理論 2（p.19）

1.（イ）式① → 2〔kW〕の電流 $= \dfrac{2000}{100} = 20$

1〔kW〕の電流 $= \dfrac{1000}{100} = 10$

式③ → $I = 20 - 10 = 10$〔A〕

2.（ロ）式① → $I_{600} = \dfrac{600}{100} = 6$

$I_{400} = \dfrac{400}{100} = 4$

$I_{1000} = \dfrac{1000}{200} = 5$

式② → $I_a = 6 + 5 = 11$〔A〕
$I_c = 4 + 5 = 9$〔A〕

式③ → $I_b = 6 - 4 = 2$〔A〕

3.（ハ）中性線が断線している。

Ⓥの指示値は

式④ → $V = 200 \times \dfrac{1.5}{0.5+1.5} = 150$〔V〕

4.（ハ）式④ → $V_{ab} = 200 \times \dfrac{1000}{250+1000} = 160$〔V〕

5.（イ）検相器。三相回路の相順を調べる。

配電理論 3 (p.22)

1. (イ) 式① → 相電圧 $V' = \dfrac{V}{\sqrt{3}}$

式② → 線電流 $I = $ 相電流 $I' = \dfrac{V'}{R} = \dfrac{\frac{V}{\sqrt{3}}}{R} = \dfrac{V}{\sqrt{3}R}$

式⑥′ → $P = \sqrt{3}\,VI = \sqrt{3}V\dfrac{V}{\sqrt{3}R} = \dfrac{V^2}{R}$

2. (ニ) p.11 式① → 1 相の電力 $P_1 = \dfrac{E^2}{R}$

式⑦ → $P = 3P_1 = 3 \times \dfrac{E^2}{R} = \dfrac{3E^2}{R}$

3. (イ) 断線すると右図の回路に
なるので,

$I = \dfrac{E}{R+R} = \dfrac{E}{2R}$

4. (ロ) 相電圧 $V' = 12 \times 10 = 120$

式① → 線間電圧 $V = \sqrt{3} \times 120 \fallingdotseq 208$ 〔V〕

5. (ハ) 式⑨ → $\dfrac{\sqrt{3}}{2} = 0.87$ 〔倍〕

6. (イ) 式⑥ → $P = \sqrt{3} \times 200 \times I \times 0.8$

p.11 式⑦ → $\sqrt{3} \times 200 \times I \times 0.8 \times 6 = 100 \times 1,000$

$I = \dfrac{100 \times 1,000}{\sqrt{3} \times 200 \times 0.8 \times 6} = 60$ 〔A〕

7. (ニ) ⑧ → Δ 接続の電流は,Y 接続の電流の 3 倍

配電理論 4 (p.25)

1. (ニ) 式⑤ → $V_{AA'} = Vcc' + $ BC間電圧降下 $+$ AB間電圧降下
$= 101 + 0.1 \times 2 \times 5 + 0.1 \times 2 \times (5+10)$
$= 105$ 〔V〕

2. (イ) 式① → $I_2 = \dfrac{\text{BC間電圧降下}}{\text{BC間電線抵抗}} = \dfrac{99-97}{0.05 \times 2} = 20$ 〔A〕

$I_1 = \dfrac{\text{AB間電圧降下}}{\text{AB間電線抵抗}} - I_2$

$= \dfrac{101-99}{0.02 \times 2} - 20 = 30$ 〔A〕

3. (ロ) 式① → 電線の抵抗 $= \dfrac{2}{40} = 0.05$

p.5 式① → $R = 0.017 \times \dfrac{10 \times 2}{A} = 0.05$

$A = \dfrac{0.017 \times 10 \times 2}{0.05} = 6.7 \to 8$ 〔mm²〕

4. (イ) $I = \dfrac{2000}{100} = 20$ 〔A〕

電線の電気抵抗 $= 2r = 3.2 \times \dfrac{8 \times 2}{1000}$

$= 0.0512$ 〔Ω〕

電圧降下 $= 2rI = 0.0512 \times 20$

$= 1.024 \fallingdotseq 1$ 〔V〕

5. (ハ)
式③ → $V_{AB} = 100 - 2 \times 0.1 \times (5+10) + 0.1 \times (10+10)$
$= 99$ 〔V〕

$V_{BC} = 100 - 2 \times 0.1 \times (10+10) + 0.1 \times (5+10)$
$= 97.5$ 〔V〕

6. (イ) $I_A = \dfrac{1000}{100} = 10$ $\quad I_B = \dfrac{1000}{100} = 10$

式③′ → $V_A = V_B = 100 + 0.2 \times 10 = 102$ 〔V〕

7. (ハ) スイッチ a, d を閉じた場合
上下負荷各々 200 〔W〕 でバランスし,
中性線電流は 0 (最小)となる

8. (ハ) 中性線電流は 0 なので
式⑥⑦ → $2P_{\ell 1} = 2rI^2$

9. (ハ) 式④ → $V = 210 - \sqrt{3} \times 0.06 \times 80 = 202$ 〔V〕

第3章　配線設計

配線設計 1（p.30）

1.（イ）$2.6 \rightarrow A = \pi \times 1.3^2 = 5.3 \, [\text{mm}^2]$

$7/1.0 \rightarrow A = \pi \times 0.5^2 \times 7 = 5.5 \, [\text{mm}^2]$

2.（ハ）

$30/0.18 \rightarrow A = \pi \times 0.09^2 \times 30$

$= 0.76 \fallingdotseq 0.75 \, [\text{mm}^2]$

3.（ニ）

4.（イ）

5.（ニ）CV : 90 [℃]

HIV : 75 [℃]

6.（ロ）60 [℃]

7.（ロ）$0.75 \rightarrow I = 7$

$600 \, [\text{W}] \rightarrow I = \dfrac{600}{100} = 6 \, [\text{A}]$

8.（ハ）$I = \dfrac{6,000}{200} = 30$

$2.6 \, [\text{mm}]$ の許容電流　$I = 48 \times 0.7 = 34 > 30$

9.（ハ）$I = 49 \times 0.7 = 34 \, [\text{A}]$

10.（イ）$I = 27 \times 0.7 = 19 \, [\text{A}]$

配線設計 2（p.33）

1.（ニ）

2.（イ）$\dfrac{40}{20} = 2$ 倍 → 2 分以内

3.（イ）200 [V] 分岐回路は 2 極 2 素子を使用

4.（ハ）

5.（イ）接地抵抗値が 3 [Ω] 以下なら省略可

6.（ロ）　　　　　　〃

7.（イ）地絡電流の検出

配線設計 3（p.35）

1.（ロ）$I = (20 + 5) \times 3 = 75 \, [\text{A}]$

2.（ロ）$I = (20 \times 2 + 30) \times 1.1 = 77 \, [\text{A}]$

3.（ハ）$I_W \geqq 5 + 1.25 \times 20 = 30 \, [\text{A}]$

$I_B \leqq 5 + 3 \times 20 = 65 \, [\text{A}]$

配線設計 4（p.37）

1.（ロ）$\dfrac{35}{75} = 0.47 < 0.55 \rightarrow 8 \, [\text{m}]$ 以下

2.（ニ）

$7 \, [\text{m}] \rightarrow 3 \, [\text{m}]$ 超過 $\rightarrow I \geqq 100 \times 0.35 = 35 \, [\text{A}]$

$8 \, [\text{mm}^2] \rightarrow 61 \times 0.7 = 43 \, [\text{A}]$

3.（ロ）$7 \, [\text{m}] \rightarrow 3 \, [\text{m}]$ 超過

$\rightarrow I \geqq 150 \times 0.35 = 52.5 \, [\text{A}]$

4.（ハ）$\dfrac{49}{100} = 0.49 < 0.55 \rightarrow 8 \, [\text{m}]$ 以下

配線設計 5（p.39）

1.（イ）

ロ : 2.0 mm 不可

ハ : 1.6 mm 不可，30 [A] コンセント不可

ニ : 15 [A] コンセント不可

2.（イ）

3.（イ）

50 [A] には 14 [mm²] が正しい。ロ，ハ，ニは正しい。

4.（ハ）

8 [mm²] 以上の電線で，30 [A] と 40 [A] のコンセントが使用可能（口数は無関係）。

第4章　機　器

機器1（p.44）

1.（イ）ロ，ハ，ニは正しい

2.（ハ）省略条件は 0.2〔kw〕以下

3.（ハ）5〜7 倍

4.（ロ）3本の内2本を入れ換える。

5.（イ）Y−Δ 始動機の目的は始動電流の軽減

6.（ロ）運転（Δ側）に入れたとき，一筆書きできる。

7.（ニ）回転数は周波数に比例する。

機器2（p.45）

1.（イ）Cの設置 → 電流の減少 → 線路電圧降下の
　　　減少 → 負荷端子電圧の上昇

2.（ロ）

機器3（p.47）

1.（イ）放電を安定させる

2.（イ）使用できないものがある。

3.（ニ）照度計

機器4（p.48）

1.（ニ）発電電力と負荷電力の変化や，停電時の滞留
　　　の逆流に対応する為。

第5章　施　工

施工1（p.58）

1.（イ）

2.（イ）

3.（ニ）

4.（イ）

5.（ロ）

6.（ロ）

7.（ニ）

8.（ロ）

9.（ニ）

10.（ハ）止めねじをねじ切る

11.（ハ）接地極付接地端子付

12.（ニ）エントランスキャップ

13.（ニ）プルスイッチ

14.（ニ）

15.（ロ）

16.（ロ）

17.（イ）

18.（ロ）ターミナルキャップを垂直管に使うと電線引
　　　出し口から雨水が入る。

（p.60）

1.（ニ）合成樹脂製可とう管（PF管）

2.（ニ）金属製可とう電線管

3.（ロ）ネオントランス

4.（イ）電流計付の箱開閉器

5.（ニ）自動点滅器

6.（ハ）インサートキャップ。フロアダクト穴に，
　　　インサートスタッドを介してねじ込むフタ。

7.（イ）引掛シーリング

8.（イ）銅線用裸圧着端子

9.（ニ）600Vポリエチレン絶縁耐燃性ポリエチレン
　　　シースケーブル平形

10.（ハ）配線用遮断器

11.（ロ）低圧進相コンデンサ

12.（ニ）コードサポート

13.（ロ）ねじなし金属管のボックスコネクタ

14.（ハ）チューブサポート

15.（ニ）防水形コンセント

16.（ロ）フロアーコンセント

17. （イ）引掛シーリングローゼット

18. （ハ）引き込みがいし

19. （ハ）リモコンリレー

20. （ロ）カールプラグ

21. （イ）　アウトレットボックスとの相違は，耳が外
　　　　　向き。他に八角形のものもある。

22. （ロ）線付防水ソケット

23. （ニ）

24. （ニ）フロアダクト

25. （ロ）ノーマルベンド

26. （イ）ラジアスランプ

27. （イ）VVF用ジョイントボックス

28. （ハ）ロックナット

29. （ハ）漏電火災警報器

30. （ロ）ライティングダクト

31. （ニ）配線用遮断器

32. （ハ）端子付ジョイントボックス

33. （ロ）リモコントランス

34. （ハ）ダクトサポート

35. （ニ）スイッチボックス
　　　　　スイッチやコンセントを取り付ける

36. （イ）PF管用サドル

37. （イ）タイムスイッチ

38. （イ）ぬりしろカバー

39. （イ）ユニバーサル

40. （ニ）エントランスキャップ

41. （ハ）PFカップリング

42. （イ）TSカップリング

43. （ハ）パイラック

44. （イ）漏電遮断器

施工2（p.69）

1. （ニ）油圧式ノックアウトパンチ

2. （ロ）クリックボール

3. （ハ）面取器

4. （イ）リーマ

5. （ニ）高速切断機

6. （ハ）ボルトクリッパ

7. （イ）油圧式圧縮器

8. （ハ）パイプベンダ

9. （ロ）ホールソー

10. （ハ）合成樹脂管カッタ

11. （ニ）シメラー

12. （ロ）やすり

13. （ハ）羽根ぎり

14. （イ）油圧式パイプベンダ

15. （イ）呼線挿入器

16. （ニ）ケーブルカッタ

17. （ハ）ワイヤストリッパ

18. （ニ）ガストーチランプ

19. （ロ）ダイス

20. （ハ）安全ベルト

21. （ロ）油圧式圧着器

22. （ニ）手動油圧式カッタ

23. （ハ）コードレスドリル

24. （ハ）ディスクグラインダ

25. （イ）

26. （ニ）

27. （ニ）

28. （イ）

29. （イ）やすり仕上げ → ダイスに注油 → ねじ切り
　　　　　→リーマで内面取り

30. （イ）

31. （ハ）

32. （ニ）

33. （ハ）プリカナイフはプリカチューブ（可とう電線
　　　　　管)の切断に使用

34. （ハ）

施工3（p.75）

1. （ニ）線ぴ工事は点検できる乾燥場所だけに施工

2. （ニ）

3. （ハ）

4. （イ）合成樹脂管工事
　　　　　可燃性ガスを扱う場所では使用不可

5. （ニ）可燃性粉じん → イ，ロ，ハは施工できる

6. （ニ）石油類 → 可燃性 → イ，ロ，ハは施工できる

施工 4 （p.78）

1. （ハ）支持間隔 1〔m〕以下
2. （ニ）電線管に入れて埋め込む
3. （ニ）6〔m〕
4. （ロ）
5. （ロ）ライティングダクトは，開口部を下向きに施設をする。
6. （ニ）
7. （イ）管内で電線接続してはいけない
8. （イ）1回線往復を同一管に納める
9. （ロ）
10. （イ）合成樹脂管の支持間隔は 1.5〔m〕以下
11. （ハ）
12. （イ）ライティングダクト支持間隔は 2〔m〕以下
13. （ロ）電球線はゴム絶縁。ビニルは不可。
14. （ニ）
15. （ハ）CD 管は，コンクリート埋込専用。
16. （イ）
17. （ロ）
18. （ニ）電球線はゴム絶縁。ビニルは不可。
19. （イ）0.8 倍以上必要。

施工 5 （p.83）

1. （ハ）圧力のない場合は 0.6〔m〕以上。板でおおう。
2. （ニ）地中埋設には，ケーブルを使用する。
3. （ニ）ネオン電線を用いる。
4. （ニ）
5. （ニ）支持点間距離 1〔m〕以下

施工 6 （p.85）

1. （ニ）電気抵抗を増加させない
2. （ニ）
3. （ニ）8〔mm²〕以上は直接接続可
4. （イ）半幅以上重ねて 2 回以上巻かなければならない。

施工 7 （p.88）

1. （ハ）
2. （ニ）乾燥した木製床や絶縁台の場合には省略可
3. （ニ）D 種接地工事
   1.6〔mm〕以上 , 100〔Ω〕以下
   0.75〔mm²〕コードは不可
4. （ハ）水気のある場合は，省略不可
5. （ニ）4〔m〕以下の場合省略可

第 6 章　法　令

法令 1 （p.90）

1. （ロ）
2. （ロ）低圧：600〔V〕以下
   高圧：～7000〔V〕以下
3. （ハ）
4. （ハ）イ，ロ：三相 200〔V〕, 1.5〔kW〕→×
   ニ：コンセント使用→×

法令 2 （p.92）

1. （イ）高圧受電はすべて自家用
2. （ハ）25〔kW〕内燃力発電設備は自家用
3. （ロ）内燃力発電設備は， 10〔kW〕未満で一般用
4. （イ）一般用電気工作物は，一般送配電事業者が調査義務を負う

法令 3 （p.94）

1. （ロ）輸入した特定電気用品にも ◇ マークを付す
2. （イ）
3. （ロ）100〔mm²〕
4. （ロ）ジョイントボックス
5. （ハ）100〔A〕以下の配線用遮断器
6. （イ）温度ヒューズ
   ヒューズは 1～200〔A〕。筒形と管形除外
7. （ロ）A，D は特定電気用品
   B，C は電気用品

法令 4 （p.97）

1. （ニ）イ，ロ，ハは A，B 共に工事士でなくても可。
2. （ハ）第二種は，一般用電気工作物の工事に従事。
3. （イ）
4. （ハ）知事
5. （ハ）第二種は，一般用工作物の工事が可。
6. （ロ）

法令 5 （p.99）

1. （ニ）
   標識記載事項は，
   ・代表者氏名
   ・営業所の名称と電気工事の種類
   ・登録年月日と登録番号
   ・主任電気工事士の氏名
2. （ニ）登録有効期間は 5 年

第7章　検査・測定

検査・測定1 (p.102)

1. （ニ）誘導形で交流回路に使用
2. （ハ）
3. （イ）
4. （イ）

検査・測定2 (p.104)

1. （イ）
2. （ロ）電流計を接続する。ヒューズを入れない。
3. （ハ）$I = 4 \times \dfrac{100}{5} = 80$
4. （ロ）k，ℓ 間短絡後，電流計を取り外す。

検査・測定3 (p.106)

1. （イ）$P = VI\cos\theta \;\rightarrow\; \cos\theta = \dfrac{P}{VI}$ で算出
2. （イ）全線に掛ける。

検査・測定4 (p.107)

1. （ハ）
2. （イ）
3. （ニ）

検査・測定5 (p.110)

1. （ニ）対地電圧 200〔V〕→ 0.2〔MΩ〕以上必要
2. （イ）A：0.1〔MΩ〕
　　　　 B：0.2〔MΩ〕
　　　　 C：0.4〔MΩ〕
3. （ロ）線路は3本まとめてLに，Eは接地線に。
4. （ニ）1〔mA〕以下
5. （ロ）発生電圧は直流
6. （イ）絶縁抵抗計

検査・測定6 (p.112)

1. （ハ）被測定接地極 → E，補助接地極 → P，C
2. （ニ）a：D種接地 500〔Ω〕以下
　　　　 b：0.1〔MΩ〕以上
3. （ロ）零点調整不要
4. （ハ）0.4〔MΩ〕以上，10〔Ω〕以下
5. （イ）接地抵抗計

第8章　配線図

配線図　問題1 (p.134)

1. （ハ）1.2〔m〕(p.82, 129)
2. （イ）リモコンセレクタスイッチ (p.114)
3. （イ）シーリングライト (p.114)
4. （ロ）床面取付コンセント (p.115)
5. （ニ）電磁開閉器 (p.115)
6. （ロ）20〔A〕(p.118, 129)
7. （ロ）D種接地　最大 100〔Ω〕(p.86, 128)
8. （イ）4本（図参照）

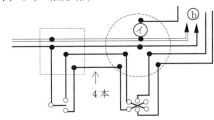

9. （ニ）圧力スイッチ (p.115)
10. （ロ）三相 200〔V〕電路の絶縁抵抗は，0.2〔MΩ〕以上 (p.108, 129)
11. （ニ）200〔V〕配線は「赤」と「黒」，接地線は「緑」
12. （イ）電圧測定は「テスタ」，極性確認は「検電気」を使用 (p.105, 107, 120)
13. （ハ）持ち手が赤色の圧着工具 (p.67)
14. （ニ）「小」5個（図参照）(p.118)

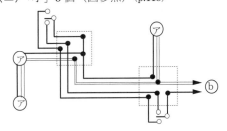

15. （ニ）ねじなし金属管工事に，ねじ切り器（ニ）は不要 (p.66, 119)
16. （ロ）「2本用」3個，「3本用」1個（上図参照）
17. （イ）電磁用閉器押しボタンスイッチ（BL は確認表示灯付）(p.115)
18. （ロ）「金切りノコ」で切断する。「ナイフ」は不要
19. （ハ）写真（ハ）「防雨形1口コンセント」は使用しない。(p.115)
20. （ハ）写真（ハ）「壁付換気扇」は使用しない。(p.115)

配線図　問題2　(p.138)

1. （ニ）屋側配線に金属被は使用不可 (p.128)

2. （ロ）壁付 (p.114)

3. （ロ）接地極付接地端子付コンセント (p.115)

4. （ハ）ライティングダクト (p.114)

5. （ニ）ブザー小勢力回路最大電圧は 60〔V〕(p.129)

6. （ロ）VVF 用ジョイントボックス (p.116)

7. （ロ）3 本

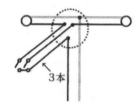

8. （ハ）ワイドハンドル形点滅器 (p.114)

9. （イ）0.1〔MΩ〕以上 (p.129)

10. （ニ）D 種接地工事 (p.128)

11. （イ）アウトレットボックス (p.116)

12. （ロ）ダウンライト（埋込灯）(p.114)

13. （ニ）200〔V〕20〔A〕接地極付き (p.115)

14. （ハ）2 極 2 素子配線用遮断器 (p.129)

15. （ロ）3 心 VVF

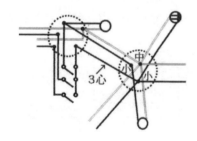

16. （イ）2 本用 3 個
    3 本用 1 個
    4 本用 1 個

17. （ハ）中 1 個，小 2 個 (p.118)

18. （ニ）位置表示灯 (p.114)

19. （ハ）合成樹脂管カッタ
    合成樹脂管工事はないので不要 (p.119)

20. （ロ）ねじなしカップリング
    ねじなし金属管工事はないので不要 (p.119)

配線図　問題3　(p.142)

1. （ハ）電力量計 (p.118)

2. （ニ）60〔V〕(p.82, 129)

3. （ロ）確認表示灯内蔵点滅器 (p.55, 114)

4. （ニ）接地極・接地端子・漏電遮断器付コンセント
    (p.115)

5. （ハ）(p.114)

6. （ニ）I (p.115)

7. （イ）250 V　15〔A〕接地極付 (p.54)

8. （ロ）コンセントへの 200〔V〕配線 2 本と接地極
    配線 1 本の計 3 本

9. （イ）1φ3W200 V 回路は 0.1〔MΩ〕(p.108, 129)

10. （ハ）埋込器具 (p.114)

11. （イ）小 1 個，中 2 個
    （図参照）

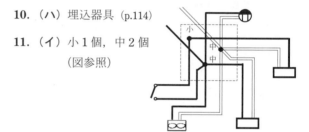

12. （ロ）2 心 VVF ケーブル

13. （ニ）プルスイッチ付き蛍光灯 (p.114)

14. （ハ）過負荷保護付漏電遮断器 (p.54, 118)

15. （ニ）クランプメータ（携帯用電流計）(p.105, 120)

16. （ロ）調光器 (p.56, 114)

17. （イ）右図参照

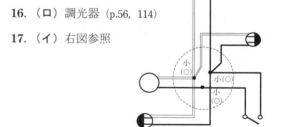

18. （イ）ジョイントボックス (p.52, 116)

19. （ニ）5 本用 2 個，2 本用 1 個
    図参照

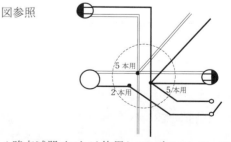

20. （ハ）4 路点滅器 (ハ) は使用していない (p.55, 114)

配線図　問題4（p.146）

1.（イ）調光器（p.114）

2.（ロ）200〔V〕20〔A〕接地極付コンセント（p.115）

3.（ニ）略（p.128）

4.（ニ）電力量計（p.118）

5.（イ）0.1〔MΩ〕（p.129）

6.（ハ）シャンデリア（p.114）

7.（ハ）500〔Ω〕（p.86, p.128）

8.（ロ）3本（右図参照）

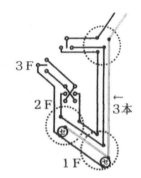

9.（イ）自動点滅器（p.114）

10.（ロ）床隠蔽配線（p.114）

11.（イ）右図参照（p.118）

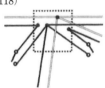

12.（ハ）コードペンダント（p.114）

13.（ロ）5本用1個，4本用1個
　　　　2本用2個

14.（ロ）2心 VVF ケーブル

15.（ハ）中1個，小4個
　　　　（右図参照）（p.119）

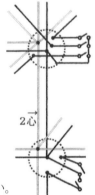

16.（イ）露出スイッチ
　　　　ボックスは使用しない。

17.（ニ）リーマ
　　　　金属管工事がないので使用しない。（p.119）

18.（ハ）位置表示灯内蔵スイッチ（p.114）

19.（ロ）金属管とサドル
　　　　金属管工事がないので使用しない。（p.117）

20.（ニ）接地極接地端子付きコンセント（p.115）

配線図　問題5（p.150）

1.（ニ）傍記「0」

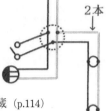

2.（イ）（右図参照）

3.（ロ）確認表示灯内蔵（p.114）

4.（ロ）架橋ポリエチレン絶縁ビニルシースケーブル
　　　　（p.28）

5.（ニ）1.2〔m〕（p.82）

6.（ハ）傍記「N」は，ナトリウム灯（p.114）

7.（イ）単相3線式200〔V〕電路は，0.1〔MΩ〕以上
　　　　（p.108）

8.（ハ）傍記「LK」は，抜け止め形（p.115）

9.（ニ）D種接地，500〔Ω〕（p.86）

10.（イ）制御配線の信号で動作する開閉器（p.115）

11.（ニ）「小」6個（右図参照）
　　　　（p.118）

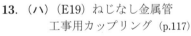
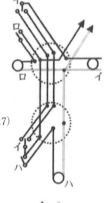

12.（ロ）黄色持ち手（p.67）

13.（ハ）（E19）ねじなし金属管
　　　　工事用カップリング（p.117）

14.（ロ）2本接続用5個

15.（ニ）絶縁抵抗計（p.108, 120）

16.（イ）右図参照（p.118）

17.（ロ）PF管切断用
　　　　フレキシブルカッタ（p.119）

18.（ニ）自動点滅器（p.114）

19.（イ）電力用コンデンサ（p.115）

20.（ハ）略（p.114）

配線図に関わる一般問題 (p.154)

1. (ロ) イ：天井隠蔽配線
   ハ：天井隠蔽配線
   ニ：ねじ切りあり金属管工事

2. (ニ) イ：露出配線
   ロ：合成樹脂製可とう管
   ハ：金属管配線

3. (ハ) 2.0 mm 2 本接続には，小スリーブ使用
   圧着マークは「小」

4. (ロ) 人の接近による自動点滅器に用いる。

第二種電気工事士筆記試験
合格テキスト

梅 田 出 版

ま　え　が　き

全員の合格を !!

　第二種電気工事士の出願者は約 10 万人，筆記・技能試験の合格率が 60 ％～70 ％前後と発表され，3 人に 1 人あまりが合格という狭き門となっています。

　「全員合格」は，集団受験現場の究極の目標ですが，可能な目標です。

　著者は，勤務高校電気科において，「全員受験全員合格」を指導実践する中で，**指導効率・学習効率の高い集団指導に適した受験テキスト**の重要性を痛感し，本テキストを著作しました。

　1997 年初版以来の毎年の改訂に加えて，改訂 20 版では，過去 20 年間の全出題問題を改めて分析・検討し直し，近年の出題傾向に沿って刷新，その後も毎年改訂してきました。

　多くの工業高校や職業訓練校などで好評を得てきました本書が，受験現場に役立つことができることを大変嬉しく思っています。

著　作　方　針

1.　本文と補足説明に区分け記述

　　本文には板書事項に相当する要点を簡潔に記し，その理解を深める補足説明などを別欄に記しています。本文は暗記が必要な内容となっています。

2.　出題率の高い内容に厳選

　　過年度出題を分析し，近年出題率の高い内容に厳選してあります。

　　試験における本書記述からの出題は 95 点ぐらいです。得意分野に学習の重点をおいて 80 点を目標とし，模擬試験で 70 点以上を獲得できるようになれば合格圏です。

3.　毎年改訂の最新年度版

　　試験の実施内容や出題形式の変更，関連法令改正，技術革新にともなう出題変化，新出問題などに**即時対応**。記述の全面的見直しを含め，加筆，削除するなど，常に**最新の年度版**として出版を致します。

4.　充実した練習問題

　　多くの練習問題を解くことが合格につながります。過年度出題から精選した例題と問題を出題分野別に配置しました。

著者しるす

目　次

第5章　施　工

第6章　法　令

第7章　検査・測定

第8章　配　線　図

索　引

受験に関する Q&A

Q 受験案内や申込書の入手方法は？

A 　受験案内・申込書は，試験センター本部事務局で配布しています。また，郵送による方法やお近くの電力会社各支店・営業所窓口及び大手書店で入手できる場合もあります。
　ご不明な点は，試験センター本部事務局へお問い合わせください。

Q 試験センターの連絡先は？

A 　一般財団法人　電気技術者試験センター
　本部事務局
　TEL：03-3552-7691
　E－mail：info@shiken.or.jp
　web サイトアドレス：
　http://www.shiken.or.jp/

過年度の第二種電気工事士試験の実施結果

年　度		筆記試験			技能試験		
		受験者数	合格者数	合格率 [%]	受験者数	合格者数	合格率 [%]
2015	上期	79,002	49,340	62.5	60,650	43,547	71.8
	下期	39,447	20,364	51.6	23,422	15,894	67.9
2016	上期	74,737	48,697	65.2	62,508	46,317	74.1
	下期	39,791	18,453	46.4	22,297	15,899	71.3
2017	上期	71,646	43,724	61.0	55,660	39,704	71.3
	下期	40,733	22,655	55.6	25,696	16,282	63.3
2018	上期	74,091	42,824	57.7	55,612	38,586	69.3
	下期	49,188	25,497	51.8	39,786	25,791	64.8
2019	上期	75,066	53,026	70.6	58,699	39,585	67.4
	下期	47,200	27,599	58.4	41,680	25,935	62.2
2020	上期	—	—	—	6,884	4,666	67.7
	下期	104,883	65,114	62.0	66,113	48,202	72.9
2021	上期	86,418	52,176	60.3	64,443	47,841	74.2
	下期	70,135	40,464	57.6	51,833	36,843	71.0
2022	上期	78,634	45,734	58.1	53,558	39,771	74.2
	下期	66,454	35,445	53.3	44,101	31,117	70.5
2023	上期	70,414	42,187	59.9	49,547	36,250	73.1
	下期	63,611	37,468	58.9			

第1章
電気理論

電気理論 1　電圧・電流・合成抵抗の計算

1. 導体と電気抵抗

電池を接続すると電流が流れる物質（金属など）を**導体**という。

導体における電流の通しにくさを**電気抵抗**（または単に**抵抗**）といい，単位に〔Ω〕を用いる。

☆参　考☆

抵抗回路においては，直流電源と交流電源を同様に計算し，取り扱うことができる。

2. 電圧・電流・抵抗の大きさの関係（オームの法則）

導体で接続され，電流が流れる通路を電気回路という。

回路中，抵抗 R〔Ω〕に電圧 V〔V〕が加わり，電流 I〔A〕が流れているときの R と V と I の関係は，

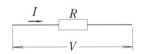

$$V = R \cdot I, \quad I = \frac{V}{R}, \quad R = \frac{V}{I} \quad \cdots ①$$

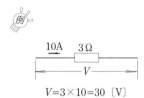

$$V = 3 \times 10 = 30 \text{〔V〕}$$

3. 分　流

R_1, R_2 の並列回路に流れる電流 I は，次のように分流する。

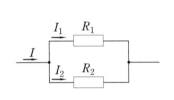

$$I_1 : I_2 = R_2 : R_1$$
$$\therefore \quad I_1 = I \times \frac{R_2}{R_1 + R_2}$$
$$I_2 = I \times \frac{R_1}{R_1 + R_2}$$
$$\cdots\cdots\cdots ②$$

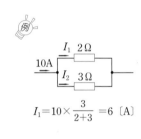

$$I_1 = 10 \times \frac{3}{2+3} = 6 \text{〔A〕}$$

4. 分　圧

R_1, R_2 の直列回路に加わる電圧 V は，次のように分圧される。

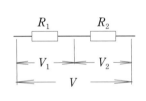

$$V_1 : V_2 = R_1 : R_2$$
$$\therefore \quad V_1 = V \times \frac{R_1}{R_1 + R_2}$$
$$V_2 = V \times \frac{R_2}{R_1 + R_2}$$
$$\cdots\cdots\cdots ③$$

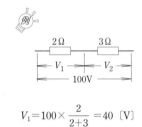

$$V_1 = 100 \times \frac{2}{2+3} = 40 \text{〔V〕}$$

5. 合成抵抗

複数の抵抗の接続は，1個の合成抵抗として扱える。

(1) 直列接続

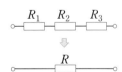

同一電流が流れる接続

合成抵抗　$R = R_1 + R_2 + R_3 \quad \cdots ④$

(2) 並列接続

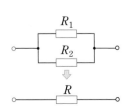

同一電圧が加わる接続

合成抵抗　$R = \dfrac{R_1 \cdot R_2}{R_1 + R_2} \quad \cdots\cdots ⑤$

$R_1 = R_2$ の場合は　$R = R_1/2 \quad \cdots ⑥$

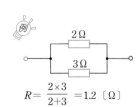

$$R = \frac{2 \times 3}{2+3} = 1.2 \text{〔Ω〕}$$

例1 図のような回路で，端子 ab 間の合成抵抗〔Ω〕は。

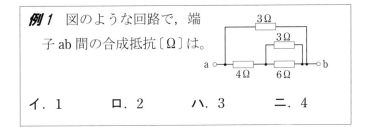

イ．1　　ロ．2　　ハ．3　　ニ．4

答 ロ

3〔Ω〕と 6〔Ω〕は同一電圧なので並列接続

式⑤ ⇒ $R_1=\dfrac{3\times6}{3+6}=2$

4〔Ω〕と 6〔Ω〕は同一電流ではないので直列接続ではない。

式④ ⇒ $R_2=4+R_1=4+2=6$

式⑤ ⇒ $R_{ab}=\dfrac{3\times R_2}{3+R_2}=\dfrac{3\times6}{3+6}=2$〔Ω〕

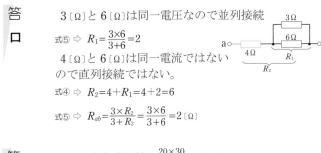

例2 図のような回路で 20〔Ω〕の抵抗に流れる電流〔A〕は。

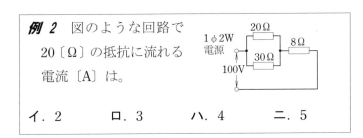

イ．2　　ロ．3　　ハ．4　　ニ．5

答 ロ

式④⑤ ⇒ 全合成抵抗 $=\dfrac{20\times30}{20+30}+8=20$〔Ω〕

式① ⇒ 全電流 $=\dfrac{100}{20}=5$〔A〕

全電流が 20〔Ω〕と 30〔Ω〕に分流するので，

式② ⇒ 20〔Ω〕の電流 $=5\times\dfrac{30}{20+30}=3$〔A〕

例3 図のような回路で，抵抗 R に流れる電流が 5〔A〕であった。R〔Ω〕の値は。

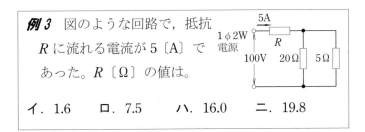

イ．1.6　　ロ．7.5　　ハ．16.0　　ニ．19.8

答 ハ

式④⑤ ⇒ 合成抵抗 $=R+\dfrac{20\times5}{20+5}=R+4$〔Ω〕

式① ⇒ 合成抵抗 $=\dfrac{100}{5}=20$〔Ω〕

$R+4=20$

$R=20-4=16$〔Ω〕

例4 電流計Ⓐが 1〔A〕を指示したときの，電圧計Ⓥの指示は。

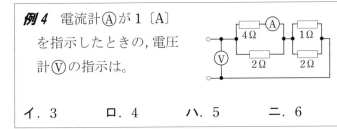

イ．3　　ロ．4　　ハ．5　　ニ．6

答 ニ

式① ⇒ 4〔Ω〕の電圧 $=1\times4=4$〔V〕 2〔Ω〕の電流 $=\dfrac{4}{2}=2$〔A〕

全電流 $=1+2=3$〔A〕

式② ⇒ 1〔Ω〕の電流 $=3\times\dfrac{2}{1+2}=2$〔A〕

式① ⇒ 1〔Ω〕の電圧 $=1\times2=2$〔V〕

全電圧 $=4$〔Ω〕の電圧$+1$〔Ω〕の電圧$=4+2=6$〔V〕

例5 図のような回路において，電圧計Ⓥの指示値〔V〕は。

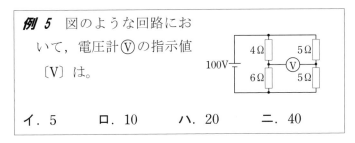

イ．5　　ロ．10　　ハ．20　　ニ．40

答 ロ

式③ ⇒ 6〔Ω〕に加わる電圧 $=100\times\dfrac{6}{4+6}=60$〔V〕

式③ ⇒ 下の 5〔Ω〕に加わる電圧 $=100\times\dfrac{1}{2}=50$〔V〕

Ⓥの指示（ab 間の電圧）は，両者の差になるから，

$V=60-50=10$〔V〕

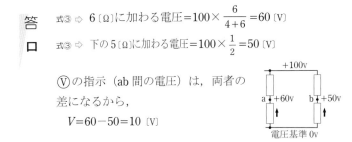

例6 図のような回路において，電圧計Ⓥの指示値が 0〔V〕であった。抵抗 R〔Ω〕の値は。

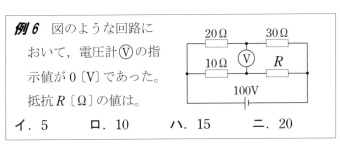

イ．5　　ロ．10　　ハ．15　　ニ．20

答 ハ

（10〔Ω〕と R），（20〔Ω〕と 30〔Ω〕）に 100〔V〕が加わり，等しく分圧されているので

式③ ⇒ $10:R=20:30$

$20R=10\times30$

$R=15$〔Ω〕

（このような回路をブリッジ回路という）

例7 スイッチ S を閉じたとき，スイッチ S に流れる電流〔A〕は。

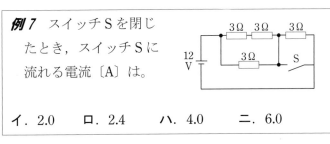

イ．2.0　　ロ．2.4　　ハ．4.0　　ニ．6.0

答 ニ

S により並列の 3〔Ω〕は短絡される ⇒ 抵抗は 0

式④⑤ ⇒ 全合成抵抗 $=\dfrac{(3+3)\times3}{(3+3)+3}=2$〔Ω〕

式① ⇒ 全電流 $=\dfrac{12}{2}=6$〔A〕 この電流が全て S に流れる。

$I_S=I=6$〔A〕 $(\because I_S=6\times\dfrac{3}{3+0}=6)$

(注) 回路を短絡すると電路電流は全部短絡回路に流れる。

	問	イ	ロ	ハ	ニ
1	図のような回路で，端子 ab 間の合成抵抗〔Ω〕は。	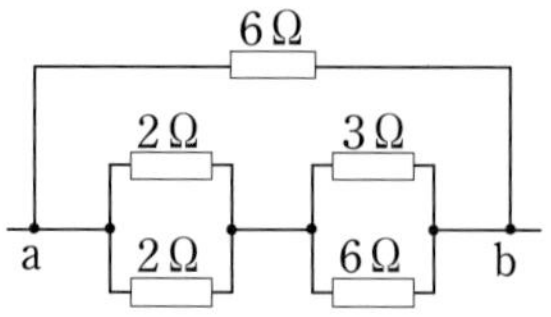 1	2	3	4
2	図のような直線回路で，電流計Ⓐが 2〔A〕を指示したとき，電圧計Ⓥの指示値〔V〕は。	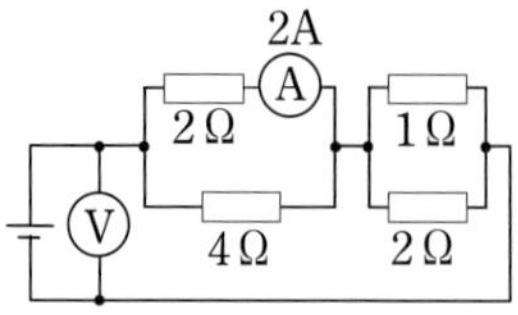 3	4	6	10
3	図のような回路で，a－b 間の電圧が 8〔V〕の場合，電流計Ⓐの指示値〔A〕は。	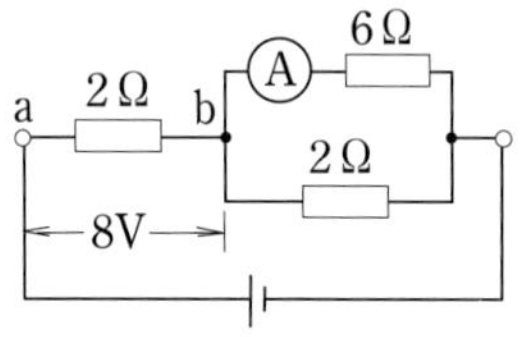 1	2	3	4
4	図のような回路で，a－b 間の電圧〔V〕は。	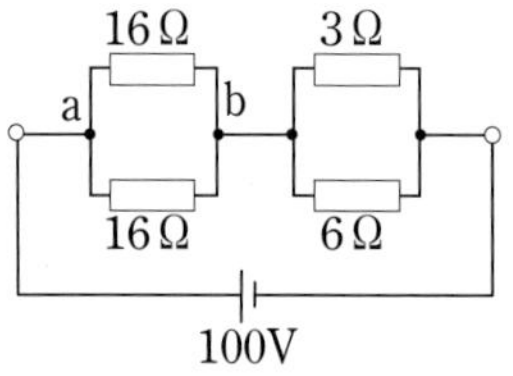 20	22	78	80
5	図のような回路で，a－b 間の電圧〔V〕は。	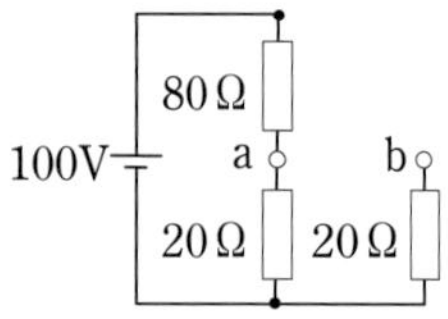 0	10	20	40
6	図のような回路で，3〔Ω〕の抵抗に流れる電流〔A〕は。	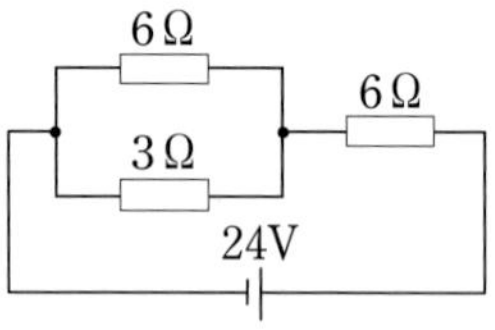 1	2	3	4
7	図のような回路において，スイッチ S を閉じたとき，電流計Ⓐに流れる電流〔A〕は。	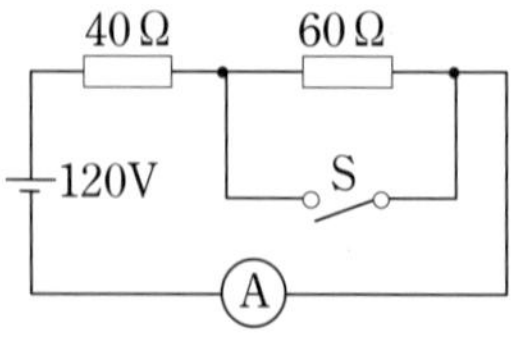 0	1.2	2.0	3.0
8	図のような回路で，a－b 間の電圧〔V〕は。	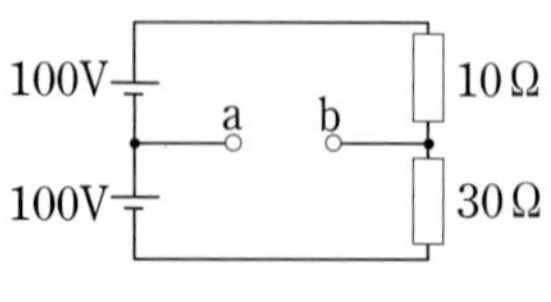 30	40	50	60

電気理論2　電線の電気抵抗の計算

1.　電線の電気抵抗の大きさ

電線材料の電気的性質は，電流の通しやすさを**導電率**，電流の通しにくさを**抵抗率**で表す。

長さ l〔m〕，断面積 A〔mm²〕，抵抗率 ρ（ロー）の電線の抵抗値は，

$$R = \rho \cdot \frac{l}{A} \ \text{〔Ω〕} \cdots\cdots\cdots\cdots\cdots\cdots\cdots ①$$

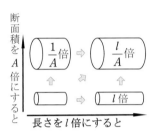

2.　電線の抵抗値の比較

電線の電気抵抗は，電線の長さに比例し断面積に反比例する。…②

2本の電線の抵抗 R_1，R_2 を比較するとき，長さが l〔倍〕，直径が d〔倍〕，断面積が A〔倍〕，導電率が σ〔倍〕である電線の抵抗は，

$$R_{1/2} = \frac{R_1}{R_2} = \frac{1}{\sigma} \cdot \frac{l}{A} \ \text{〔倍〕} = \frac{1}{\sigma} \cdot \frac{l}{d^2} \ \text{〔倍〕} \cdots\cdots\cdots ③$$

例1　抵抗率 ρ〔Ω·mm²/m〕，太さ（直径）D〔mm〕，長さ l〔m〕の導線の抵抗〔Ω〕を表す式は。

イ．$\dfrac{4\rho l}{\pi D^2}$　ロ．$\dfrac{\rho l^2}{\pi D^2}$　ハ．$\dfrac{4\rho l}{\pi D}$　ニ．$\dfrac{\rho l^2}{\pi D}$

答　イ

式① $\Rightarrow$ $R = \rho \cdot \dfrac{l}{A} = \rho \cdot \dfrac{l}{\pi r^2} = \rho \cdot \dfrac{l}{\pi \left(\dfrac{D}{2}\right)^2}$

$= \dfrac{4\rho l}{\pi D^2}$

例2　直径1.6〔mm〕，長さ200〔m〕の電線と抵抗が等しい直径3.2〔mm〕の電線の長さ〔m〕は。ただし，材質は同じものとする。

イ．100　ロ．200　ハ．400　ニ．800

答　ニ

断面積は直径の2乗倍なので

$$A = \left(\frac{3.2}{1.6}\right)^2 = 4 \ \text{〔倍〕}$$

式② $\Rightarrow$ l が4倍になれば抵抗は等しい

$$l = 200 \times 4 = 800 \ \text{〔m〕}$$

例3　A，B 2本の同材質の銅線がある。Aは直径1.6〔mm〕長さ200〔m〕，Bは直径3.2〔mm〕長さ100〔m〕である。Aの抵抗はBの何倍か。

イ．2　ロ．4　ハ．8　ニ．16

答　ハ

材質が同じだから　$\sigma = 1$〔倍〕

$l = \dfrac{200}{100} = 2$〔倍〕　　$A = \left(\dfrac{1.6}{3.2}\right)^2 = \dfrac{1}{4}$〔倍〕

式③ $\Rightarrow$ $R_{A/B} = \dfrac{2}{\dfrac{1}{4}} = 8$〔倍〕

例4　直径2.6〔mm〕のアルミニウム線の抵抗は，長さが同じで直径が2.0〔mm〕の軟銅線の抵抗の何倍か。

ただし，軟銅の導電率は100〔%〕，アルミニウムの導電率は60〔%〕とする。

イ．0.5　ロ．1　ハ．2　ニ．4

答　ロ

長さが同じ → $l = 1$〔倍〕

$A = \left(\dfrac{2.6}{2.0}\right)^2 = 1.69$〔倍〕　$\sigma = \dfrac{60}{100} = 0.6$〔倍〕

式③ $\Rightarrow$ $R_{2.6/2.0} = \dfrac{1}{0.6} \times \dfrac{1}{1.69} = 1$〔倍〕

	問	イ	ロ	ハ	ニ
1	直径 4〔mm〕の軟銅線と長さが同じで，抵抗の等しいアルミ線の直径〔mm〕は。 ただし，軟銅線に対しアルミ線の導電率は 64〔%〕とする。	3.2	5.0	5.4	6.3
2	直径 1.6〔mm〕，長さ 100〔m〕の軟銅線 A と公称断面積 8〔mm²〕，長さ 200〔m〕の軟銅線 B がある。 B の電気抵抗は A の電気抵抗のおよそ何倍か。 ただし，温度，抵抗率は同一とする。	$\frac{1}{4}$	$\frac{1}{2}$	2	4
3	直径 2.0〔mm〕，長さ 185〔m〕の軟銅線の抵抗〔Ω〕は，およそ。 ただし，軟銅線の抵抗率は 0.017〔Ω mm²/m〕とする。	0.8	1.0	3.1	4.0
4	電線の長さを A 倍，直径を B 倍にすると，電線の抵抗はもとの何倍になるか。	$\frac{A^2}{B}$	$\frac{B^2}{A^2}$	$\frac{A}{B}$	$\frac{A}{B^2}$
5	長さ 10〔m〕当たりの抵抗値が最も大きい電線は次のうちどれか。 ただし，a：導体の太さ b：導体の材質 を示す。	(a) 直径 2.0〔mm〕 (b) 銅	(a) 直径 2.0〔mm〕 (b) アルミニウム	(a) 断面積 5.5〔mm²〕 (b) 銅	(a) 直径 2.6〔mm〕 (b) アルミニウム

電気理論 3　　交流の基礎

1. 直流と交流の違い

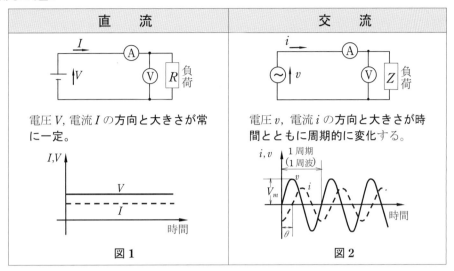

直　流	交　流
電圧 V, 電流 I の方向と大きさが常に一定。	電圧 v, 電流 i の方向と大きさが時間とともに周期的に変化する。
図 1	図 2

2. 正弦波交流

商用の交流は，図 2 のように周期的に変化する交流で，**正弦波交流**という。

3. 電圧・電流の大きさの表示

① **最大値**：電圧や電流の変化の最大の値 V_m, I_m を**最大値**という。

② **実効値**：最大値の $1/\sqrt{2}$ 倍の値を**実効値**という。

$$実効値 = \frac{1}{\sqrt{2}} \times 最大値 \cdots\cdots\cdots\cdots①$$

一般に，交流の大きさは実効値で表す。商用電源の通称 100〔V〕は，実効値のことである。電圧計や電流計は実効値を示す。

☆参　考☆

実効値：直流と同じ電力を生じるように交流電圧（電流）を表示した値である。

実効値で表示された電圧や電流は，直流と同様に計算できる。

4. 周波数

正弦波交流が繰り返す変化の 1 秒間の数を**周波数**といい，**単位に〔Hz〕**を用いる。日本の商用周波数は，**東日本は 50〔Hz〕, 西日本は 60〔Hz〕**である。

周波数計

5. 位相差

図 2 のように，2 つの交流の位置のずれ θ を**位相差**という。

θ は，1 周波を 360° として，角度で表示する。

例 1　実効値 100〔V〕の正弦波交流電圧の最大値〔V〕は。

　イ. 71　　　　　ロ. 100　　　　　ハ. 141　　　　　ニ. 173

答

ハ

式① ⇨ $V_m = \sqrt{2} \times 100$

$= 141$〔V〕

例 2　正弦波交流電圧の実効値は。

　イ. $\dfrac{最大値}{\sqrt{2}}$　　ロ. $\sqrt{2} \times$ 最大値　　ハ. $\sqrt{3} \times$ 最大値　　ニ. $\dfrac{最大値}{\sqrt{3}}$

答

イ

式① ⇨ $V = \dfrac{V_m}{\sqrt{2}}$

交流回路の計算

1. 交流負荷と電流

交流回路の負荷には，次のものがある。

① 直流回路と同様に，導体の**電気抵抗**の発熱を利用するもの（電球，電熱器など）。

② 鉄心に巻かれた電線（**コイル**）L の電気的な働きを利用するもの。
（誘導電動機，トランス，蛍光灯安定器など）。

③ 電気を充放電する**コンデンサ** C（p.45 参照）

（1）抵抗負荷

①の発熱器具は，**抵抗**負荷として直流回路と同様に計算できる。

（2）リアクタンス負荷

②の**コイル**や③の**コンデンサ**は，交流の電気回路に接続すると抵抗と同じように電流の流れを妨げる働きをする。この働きの大きさを**リアクタンス X** で表し，**単位は抵抗と同じ〔Ω〕**を用いる。

コイルやコンデンサをリアクタンス X で表すと，抵抗と同様に，オームの法則が成立する。（下表）

コイルの X は交流の周波数 f に比例し，コンデンサの X は f に反比例する。

リアクタンスのシンボル

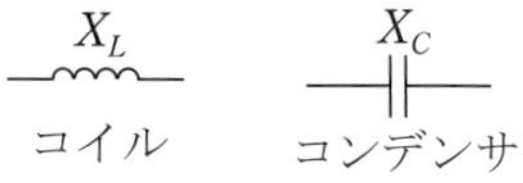

X_L	X_C
コイル	コンデンサ

（3）電流の位相

電流の位相は，抵抗負荷では電圧と同相であるが，リアクタンス負荷では，電圧と $90°$ のずれを生ずる。

抵抗負荷	リアクタンス負荷	
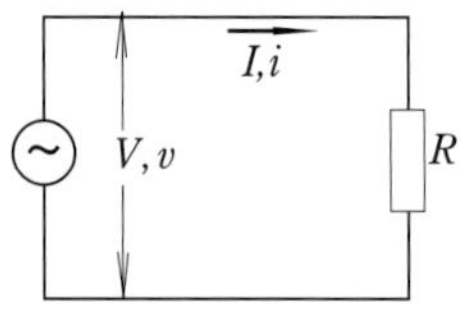	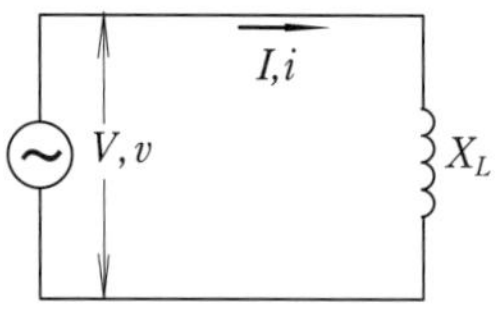	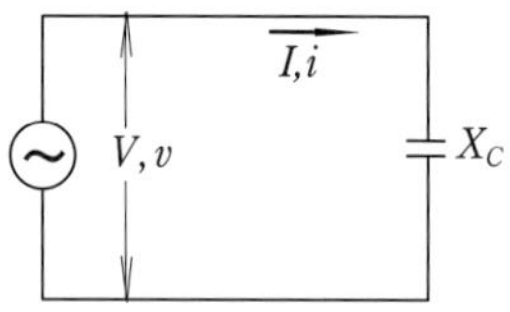
$V = R \cdot I \quad I = \dfrac{V}{R} \cdots ①$	$V = X_L \cdot I \quad I = \dfrac{V}{X_L} \cdots ②$	$V = X_C \cdot I \quad I = \dfrac{V}{X_C} \cdots ②'$
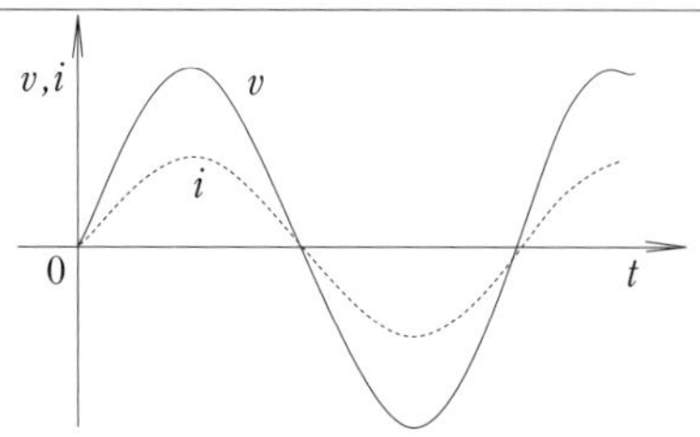	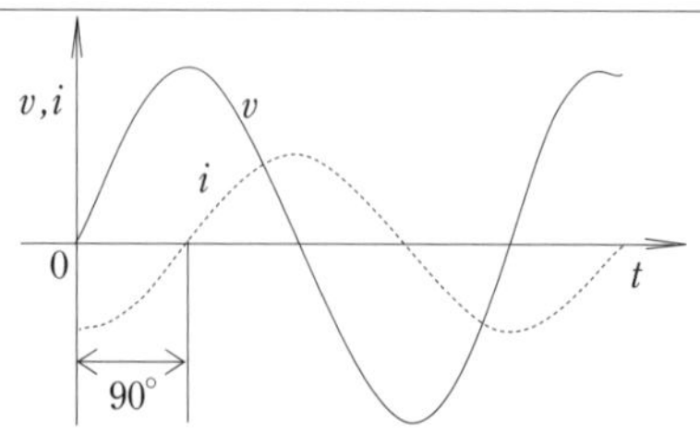	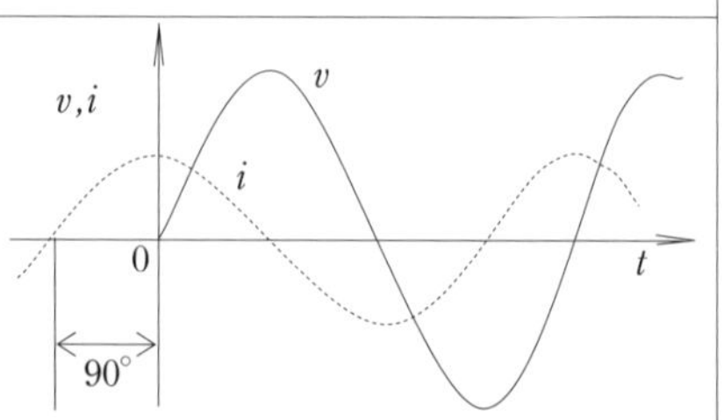
i と v は同相	i は v より $90°$ 遅れる	i は v より $90°$ 進む

2. R, X 直列負荷のインピーダンスと電流

R と X の合成した値を，**インピーダンス Z〔Ω〕**で表す。

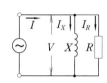

$$Z=\sqrt{R^2+X^2} \quad\cdots\cdots\cdots\cdots ③$$

$$V=Z \cdot I \quad\cdots\cdots\cdots\cdots\cdots ④$$

3. R, X 並列負荷の電流（コイル，コンデンサ同様）

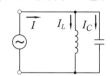

$$I_R=\frac{V}{R}, \qquad I_X=\frac{V}{X} \cdots ⑤$$

$$I=\sqrt{I_R{}^2+I_X{}^2} \quad\cdots\cdots\cdots ⑥$$

4. X_L, X_C 並列負荷の電流

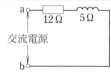

$$I=I_L \sim I_C \cdots\cdots\cdots\cdots\cdots ⑦$$

（大から小を引く）

R, X, Z の関係

インピーダンス三角形

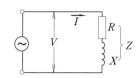

$R=4$〔Ω〕，$X=3$〔Ω〕のとき

$$Z=\sqrt{4^2+3^2}=5 \text{〔Ω〕}$$

I_R, I_X, I の関係

$I_R=6$〔A〕，$I_X=8$〔A〕のとき

$$I=\sqrt{6^2+8^2}=10 \text{〔A〕}$$

$I_L=10$〔A〕，$I_C=6$〔A〕のとき

$$I=10-6=4 \text{〔A〕}$$

例 1 図の交流回路で，
a−b 間のインピーダンス〔Ω〕は。

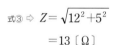

イ．13　　ロ．14　　ハ．15　　ニ．16

答 **イ**

式③ ⇨ $Z=\sqrt{12^2+5^2}$

$=13$〔Ω〕

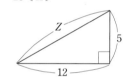

例 2 電源電圧が 100〔V〕であるとき，
回路に流れる電流〔A〕は。

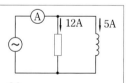

イ．4　　ロ．14.3　　ハ．20　　ニ．25

答 **ハ**

式③ ⇨ $Z=\sqrt{3^2+4^2}=5$

式④ ⇨ $I=\dfrac{100}{5}=20$〔A〕

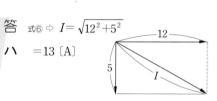

例 3 電流計Ⓐに流れる電流〔A〕は。

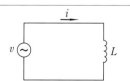

イ．3　　ロ．4　　ハ．13　　ニ．20

答 **ハ**

式⑥ ⇨ $I=\sqrt{12^2+5^2}$

$=13$〔A〕

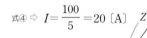

例 4 図のような正弦波交流回路の電源電圧 v に
対する電流 i の波形として，正しいものは。

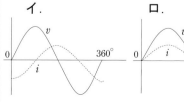
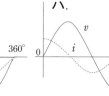
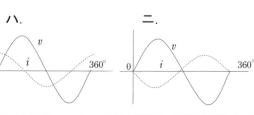

答 **イ**

L の電流は，電圧
より 90° 遅れる。

	問	イ	ロ	ハ	ニ
1	図のような回路で，抵抗に流れる電流が8〔A〕，リアクタンスに流れる電流が6〔A〕であるとき，電流計Ⓐの指示値〔A〕は。 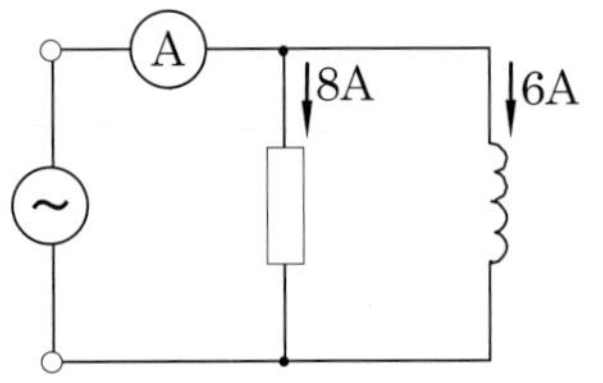 	2	10	12	14
2	図のような回路において，ab間の電圧 V の値〔V〕は。 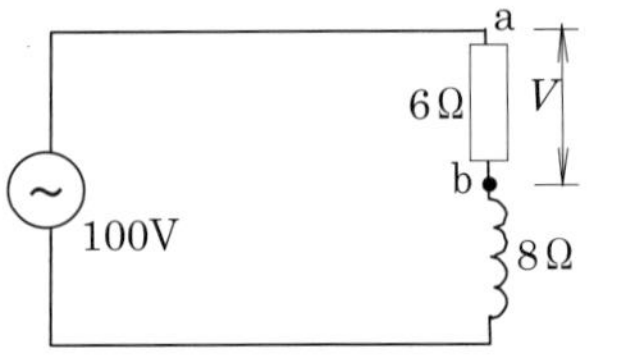 	43	57	60	80
3	図のような回路で，L に流れる電流が 8〔A〕，C に流れる電流が 6〔A〕であるとき，電流計Ⓐの指示値〔A〕は。 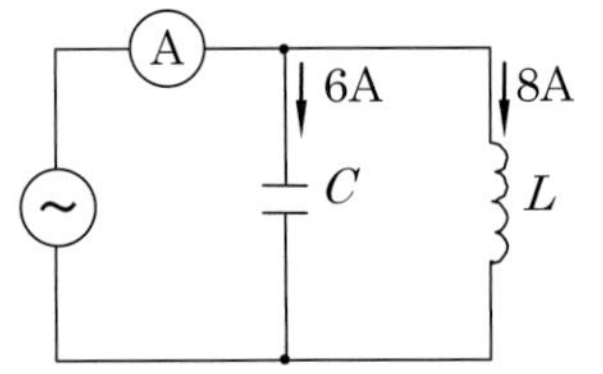 	2	7	10	14
4	コイルに 100〔V〕，50〔Hz〕の交流電圧を加えたら 6〔A〕の電流が流れた。このコイルに 100〔V〕，60〔Hz〕の交流電圧を加えたときに流れる電流〔A〕は。 ただし，コイルの抵抗は無視できるものとする。	2	3	4	5
5	図のような交流回路の電圧 v に対する電流 i の波形として，正しいものは。 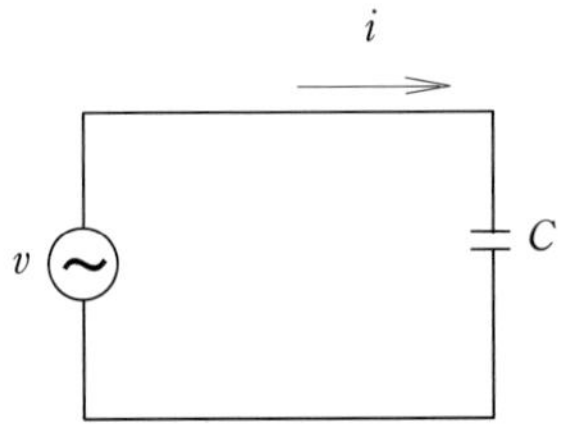 	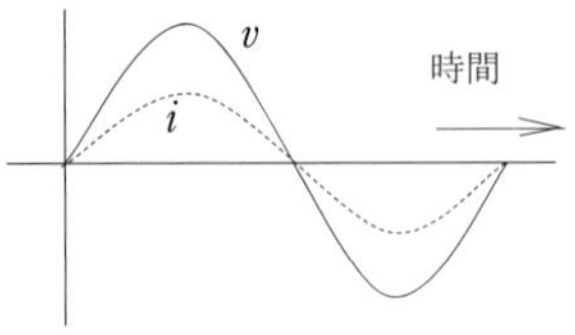	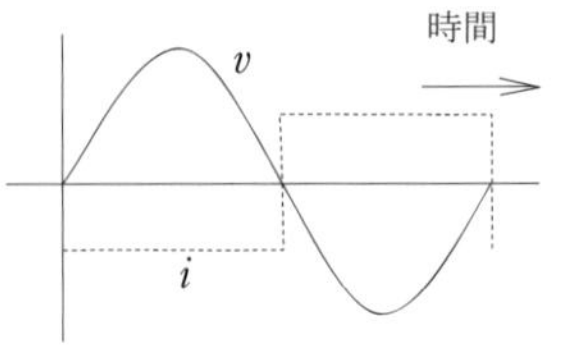	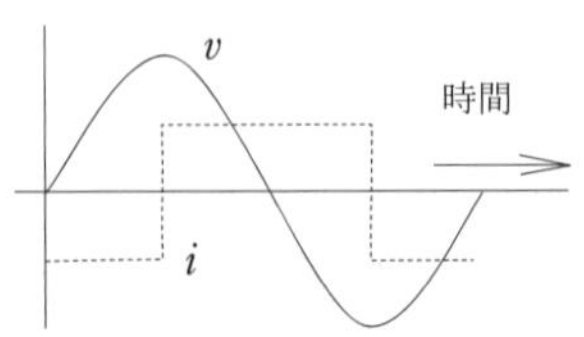	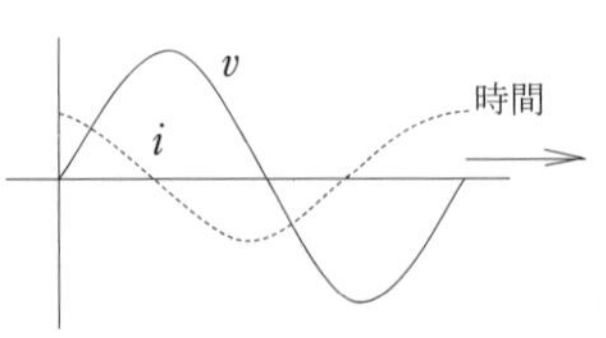

問5 選択肢

イ.

ロ.

ハ.

ニ.

電気理論 5　電力・電力量・発熱量の計算

1. 電力

　電圧が加わり電流が流れる電気回路は，電源からの供給電気エネルギにより仕事をする負荷となる。

　単位時間あたりの電気エネルギを**電力**という。

　負荷への供給電力は，負荷中の**抵抗**の発熱（ジュール熱）で熱エネルギとなり消費される。

　電動機等の動力も，電気回路の抵抗に置換できる。

（1）抵抗だけの負荷の電力

$$\text{消費電力} P \,(\text{W}) = VI = RI^2 = \frac{V^2}{R} \cdots\cdots\text{①}$$

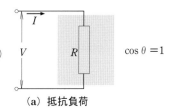

(a) 抵抗負荷　$\cos\theta = 1$

（2）リアクタンスを含む負荷の電力

　負荷中の抵抗の電圧 V_R，電流 I_R とするとき，

$$\begin{aligned}\text{消費電力}\,P\,(\text{W}) &= \text{抵抗の消費電力}\\ &= V_R I_R = R I_R^2 = \frac{V_R^2}{R} \cdots\cdots\text{②}\\ &= VI \cdot \cos\theta \cdots\cdots\cdots\text{③}\end{aligned}$$

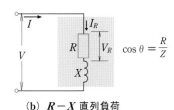

(b) $R-X$ 直列負荷　$\cos\theta = \dfrac{R}{Z}$

　R の電力を有効電力，X の電力を無効電力といい，供給電力 $VI\,(\text{VA})$ は，この両電力を含むみかけの電力で，皮相電力という。消費電力は，有効電力を指す。

　P の算出は，R の電力を求めるか，$VI\cos\theta$ で求める。

（3）力率

　式中，$\cos\theta = \dfrac{\text{有効電力}}{\text{皮相電力}}$ は**力率**といい，負荷中の抵抗分を表す 0〜1（100%）の値で

$$R-X \text{直列負荷}：\cos\theta = \frac{R}{Z} = \frac{V_R}{V} \cdots\cdots\cdots\text{④}$$

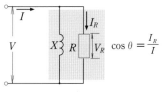

(c) $R-X$ 並列負荷　$\cos\theta = \dfrac{I_R}{I}$

$$R-X \text{並列負荷}：\cos\theta = \frac{I_R}{I} \cdots\cdots\cdots\text{⑤}$$

抵抗体である**発熱器具の力率は 100 〔%〕である。**$\cdots\cdots\text{⑥}$

コイルや誘導電動機を用いる電気機器は，力率が低い（小さい）

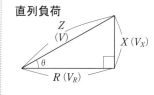

直列負荷

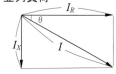

並列負荷

2. 電力量

　一定時間の電力の総量を**電力量**といい，

　P〔W〕の負荷を t〔時間〕使用するときの電力量 W は，

$$W = Pt \,(\text{Wh}) \cdots\cdots\cdots\cdots\cdots\cdots\cdots\cdots\cdots\cdots\text{⑦}$$

電力量計

3. 発熱量

　電熱器など，抵抗体での電力量 $W=Pt$ の**総発生熱量**は，

$$H = P\,(\text{W}) \times t\,(\text{s}) = Pt\,(\text{J}) \cdots\cdots\cdots\cdots\text{⑧}$$

$$\text{または}\quad H = P\,(\text{kW}) \times t\,(\text{h}) = Pt\,(\text{kWh}) \cdots\cdots\cdots\text{⑨}$$

1〔J〕は，
　1〔W〕が 1〔s〕間に発生する熱量（エネルギー）。
1〔kWh〕は，
　1000〔W〕×3600〔s〕
$= 3.6 \times 10^6$〔J〕
$= 3.6 \times 10^3$〔kJ〕
に相当する。

例 1 抵抗 R〔Ω〕に電圧 V〔V〕を加えると，電流 I〔A〕が流れ，P〔W〕の電力が消費される場合，抵抗 R〔Ω〕を示す式として誤っているものは。

イ．$\dfrac{V}{I}$　　ロ．$\dfrac{P}{I^2}$　　ハ．$\dfrac{V^2}{P}$　　ニ．$\dfrac{PI}{V}$

答 ニ

イ　　$V=RI$　→　$R=\dfrac{V}{I}$

ロ　式① ⇨ $P=RI^2$　→　$R=\dfrac{P}{I^2}$

ハ　式① ⇨ $P=\dfrac{V^2}{R}$　→　$R=\dfrac{V^2}{P}$

例 2 定格電圧 100〔V〕，定格消費電力 600〔W〕の電熱器に，105〔V〕の電圧を加えた場合の消費電力〔W〕は，およそ。ただし，電熱器の抵抗は一定とする。

イ．600　　ロ．630　　ハ．660　　ニ．690

答 ハ

式① ⇨ $P=V^2/R$ で，
R が一定のとき，P は V^2 に比例する

$P=600\times\left(\dfrac{105}{100}\right)^2 ≒661$〔W〕

例 3 交流電圧 100〔V〕を加えたときの消費電力〔kW〕は。

$1\phi2W$ 電源　100V　$R=8\,Ω$　$X=6\,Ω$

イ．0.41　　ロ．0.60　　ハ．0.80　　ニ．1.25

答 ハ

$Z=\sqrt{8^2+6^2}=10$

$I=100/10=10$

式① ⇨ $P=8\times10^2=800$〔W〕$=0.8$〔kW〕

例 4 抵抗に流れる電流が 8〔A〕，リアクタンスに流れる電流が 6〔A〕であるとき，負荷の消費電力〔W〕は。

100V　10A　8A　6A

イ．400　　ロ．600　　ハ．800　　ニ．1,000

答 ハ

式② ⇨ $P=100\times8=800$〔W〕

例 5 単相 200〔V〕回路で，消費電力 1.5〔kW〕，力率 75〔%〕のルームエアコンを使用した場合，回路に流れる電流〔A〕は。

イ．10　　ロ．20　　ハ．30　　ニ．40

答 イ

式③ ⇨ $P=VI\cos\theta$ より
$I=P/V\cos\theta$
　　$=\dfrac{1,500}{200\times0.75}=10$〔A〕

例 6 ある電気器具に単相 100〔V〕を加えると，5〔A〕の電流が流れ，10 時間連続使用して 3〔kWh〕を計量した。この器具の力率〔%〕は。

イ．60　　ロ．70　　ハ．80　　ニ．90

答 イ

式⑦ ⇨ $W=Pt=100\times5\times\cos\theta\times10$
　　　$=3,000$

$\cos\theta=\dfrac{3,000}{100\times5\times10}=0.6=60$〔%〕

例 7 電熱器 2〔kW〕で 5 分間使用したとき，発生する熱量〔kJ〕は。

イ．200　　ロ．400　　ハ．600　　ニ．800

答 ハ

式⑧ ⇨ $H=2\times1000\times5\times60$
　　　$=600,000$〔J〕$=600$〔kJ〕
　　　（∵　1〔kJ〕$=1,000$〔J〕）

	問	イ	ロ	ハ	ニ
1	図のような交流回路の力率を示す式は。 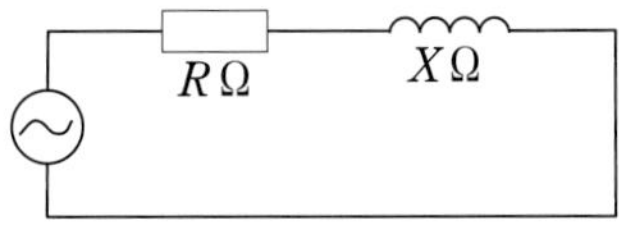 	$\dfrac{R}{\sqrt{R^2+X^2}}$	$\dfrac{RX}{R^2+X^2}$	$\dfrac{R}{R+X}$	$\dfrac{R}{X}$
2	力率の最もよい電気機械器具は。	電気ストーブ	電気洗濯機	交流アーク溶接機	高圧水銀灯
3	図の回路に，交流電圧100〔V〕を加えた場合，電流〔A〕と力率〔%〕は。 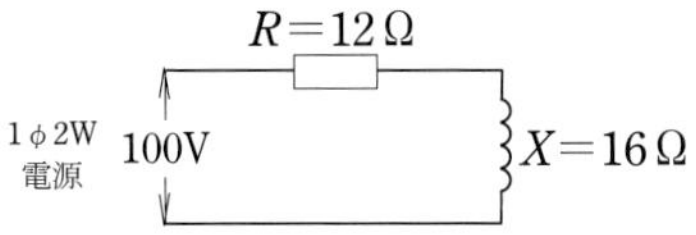 	3.6〔A〕 60〔%〕	3.6〔A〕 80〔%〕	5.0〔A〕 60〔%〕	5.0〔A〕 80〔%〕
4	図のような交流回路に電流10〔A〕が流れているとき，回路の消費電力〔W〕は。 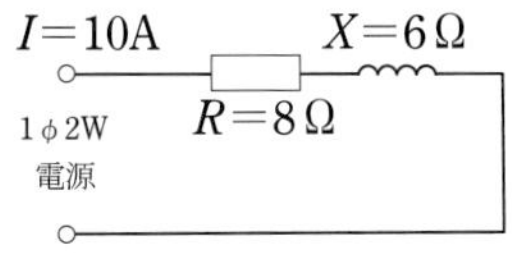 	100	600	800	1,000
5	単相100〔V〕回路で，100〔W〕の白熱電球5個と，力率80〔%〕，負荷電流4〔A〕の単相電動機1台を10日間連続して使用したときの消費電力量〔kWh〕の合計は。	20	197	216	240
6	電圧100〔V〕，消費電力40〔W〕の蛍光灯6個を使用している回路に流れる電流〔A〕は。ただし，回路の力率は60〔%〕とし，安定器の電力損失は無視するものとする。	0.67	1.44	2.4	4.0
7	図のような回路で，抵抗に流れる電流が8〔A〕，リアクタンスに流れる電流が6〔A〕であるとき，回路の力率〔%〕は。 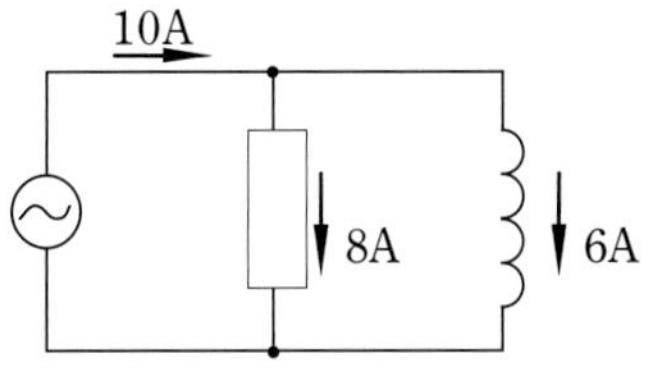 	40	60	80	100

問		イ	ロ	ハ	ニ
8	図のような交流回路で，抵抗の両端の電圧が 80〔V〕，リアクタンスの両端の電圧が 60〔V〕であるとき，負荷の力率〔%〕は。 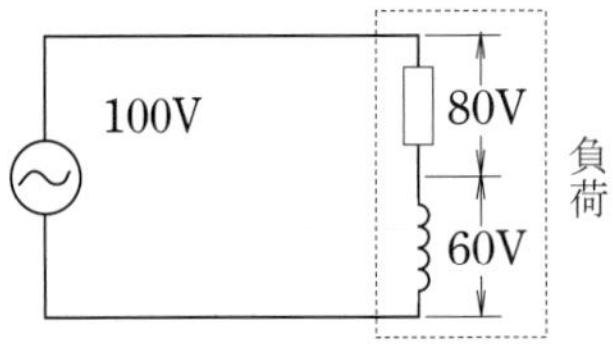  100V　80V　60V　負荷	43	57	60	80
9	電線の接続不良により，接続点の接触抵抗が 0.5〔Ω〕となった。この電線に 10〔A〕の電流が流れると，接続点から 1 時間に発生する熱量〔kJ〕は。	180	360	720	1,440
10	電熱器により，60〔kg〕の水の温度を 20〔K〕上昇させるのに必要な電力量〔kW・h〕は。 ただし，水の比熱は 4.2 kJ/(kg・K)とし，熱効率は 100〔%〕とする。	1.0	1.2	1.4	1.6

合格目指して 突き進め !!

第2章
配電理論

配電方式

1. 配電方式

電源から負荷に電力を供給する方法で，一般に用いられているのは次の3つの方法である。

(1) 単相2線式

最も一般的な方法で，2本の電線で電源から負荷に電力を供給する。

(2) 単相3線式

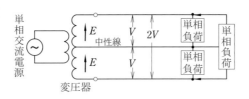

変圧器を用いて単相交流電源を2つ作り，各1線を1本の中性線として共通にし，3線で2つの負荷に電力を供給する。
　2倍の電圧の負荷を接続することもできる。

(3) 三相3線式

① △（デルタ）結線

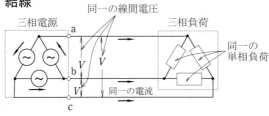

電圧が同じで位相が120度ずつ異なる3つの電源を△またはYに結線したものを**三相電源**といい，3線で同一電圧を3つの単相負荷に送ることができる。
　3つの単相負荷を△またはYに組んだ負荷を，**三相負荷**という。

② Y（スター）結線

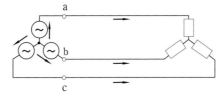

2. 低圧屋内配線の電圧

一般用屋内配線に供給・使用される電圧は，次のとおりである。

検相器（相回転器）
三相交流の相順を調べる

対地電圧：大地を基準にした線路の電位（電圧）。
　接地した1線以外の線路は大地に対して一定の電圧を生じている。

線色：接地された電路には白線を用いる。

配電方式	線間電圧（公称電圧）		対地電圧
単相 2線式	100〔V〕	（黒線） 100V 接地側（白線）	100〔V〕
単相 3線式	100/100/200〔V〕 （100/200〔V〕）	（黒線） 100V　200V 中性側（白線） 100V （赤線）	100〔V〕
三相 3線式	200〔V〕	200V　200V 200V	200〔V〕 ※住宅では 条件付で使用。

単相3線式回路の計算

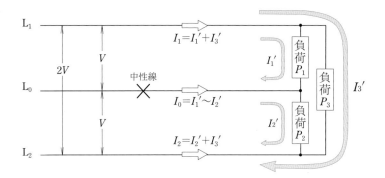

1. 電 圧

単相3線式回路では，線路 L_1-L_0 間と L_2-L_0 間に**等しい電圧 V** が加わり，L_1-L_2 間には **2倍の電圧 $2V$** が加わる。

2. 電 流

各線路間に接続される負荷の電流は，抵抗負荷の場合，

$$P_1 \text{ の電流 } I_1' = \frac{P_1}{V} \qquad P_2 \text{ の電流 } I_2' = \frac{P_2}{V}$$

$$P_3 \text{ の電流 } I_3' = \frac{P_3}{2V} \right\} \cdots ①$$

各線路の電流は，

$$I_1 = I_1' + I_3' \qquad I_2 = I_2' + I_3' \cdots\cdots\cdots\cdots ②$$

中性線路の電流は，

$$I_0 = I_1' \sim I_2' = I_1 \sim I_2 \ (\text{大から小をひく}) \cdots\cdots ③$$

P_1 と P_2 の両負荷が等しい場合には，中性線電流は 0 となる。……③′

例

$V = 100$ 〔V〕,
$P_1 = 300$ 〔W〕,
$P_2 = 200$ 〔W〕,
$P_3 = 500$ 〔W〕のとき,

P_1 の電流 $= \frac{300}{100} = 3$ 〔A〕

P_2 の電流 $= \frac{200}{100} = 2$ 〔A〕

P_3 の電流 $= \frac{500}{200} = 2.5$ 〔A〕

$I_1 = 3 + 2.5 = 5.5$ 〔A〕

$I_2 = 2 + 2.5 = 4.5$ 〔A〕

$I_0 = 3 - 2 = 1$ 〔A〕

3. 中性線断線

（1）負荷の電圧

中性線が断線（図中×印）した場合には，P_1 と P_2 の両負荷に**電圧 $2V$ が，$P_2 : P_1$ の比で加わる。**

$$P_1 \text{ に加わる電圧} = 2V \times \frac{P_2}{P_1 + P_2}$$

$$P_2 \text{ に加わる電圧} = 2V \times \frac{P_1}{P_1 + P_2} \right\} \cdots\cdots\cdots\cdots ④$$

例

上の例で中性線が断線すれば，P_1，P_2 には，

$V_1 = 200 \times \frac{200}{300+200} = 80$ 〔V〕

$V_2 = 200 \times \frac{300}{300+200} = 120$ 〔V〕

が加わる。

P_1 と P_2 が等しくないときには，どちらかの負荷に定格を越える電圧が加わり，事故の原因となる。

⇨ **中性線には，ヒューズなどの過電流遮断器を入れてはいけない。**

（2）断線時の負荷の電流

P_1，P_2 の抵抗を R_1，R_2 として，

$$\text{中性線断線時の負荷の電流} = \frac{2V}{R_1 + R_2} \quad \cdots\cdots\cdots\cdots ⑤$$

例

V 〔V〕, P 〔W〕の抵抗 R 〔Ω〕は,

$R = \frac{V^2}{P}$

例1

図の単相3線式回路で，a，b，c各線に流れる電流〔A〕の組合せで正しいものは。Ⓗは抵抗負荷とする。

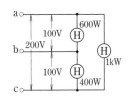

	a 16		a 11		a 16		a 11
イ.	b 2	ロ.	b 2	ハ.	b 10	ニ.	b 10
	c 14		c 9		c 14		c 9

答 ロ

式① ⇨ 600〔W〕の電流は，$\dfrac{600}{100}=6$〔A〕

400〔W〕の電流は，$\dfrac{400}{100}=4$〔A〕

1〔kW〕の電流は，$\dfrac{1{,}000}{200}=5$〔A〕

式② ⇨ $I_a=6+5=11$〔A〕

式③ ⇨ $I_b=6-4=2$〔A〕

式② ⇨ $I_c=4+5=9$〔A〕

例2

図の単相3線式回路において，×印点で断線したとき，定格1〔kW〕の抵抗負荷Ⓗにかかる電圧〔V〕は。

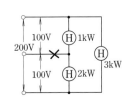

イ. 67　　ロ. 100　　ハ. 133　　ニ. 200

答 ハ

式④ ⇨ $200\times\dfrac{2}{1+2}=133$〔V〕

例3

図のような単相3線式回路で電流計Ⓐの指示値が最も小さいものは。

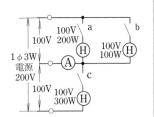

イ. スイッチa，bを閉じた場合

ロ. スイッチa，cを閉じた場合

ハ. スイッチb，cを閉じた場合

ニ. スイッチa，b，cを閉じた場合

答 ニ

式③ ⇨ Ⓐの指示値 I_0

$=(I_a+I_b)\sim I_c$

$=(2+1)\sim 3$

$=0$

となって最小。

（上下負荷がバランスするとき中性線電流は0）

例4

図のような単相3線式回路の1線が図中の×印点で断線した場合，AC間の電圧〔V〕は。

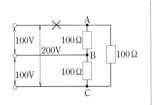

イ. 0　　ロ. 33　　ハ. 50　　ニ. 100

答 ハ

右図の回路になるので，

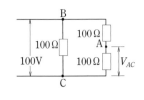

$V_{AC}=100\text{V}\times\dfrac{1}{2}$

$=50$〔V〕

問	イ	ロ	ハ	ニ
1 図のような単相3線式回路で，電流計Ⓐの指示値〔A〕は。ただし，電線の抵抗は無視するものとする。 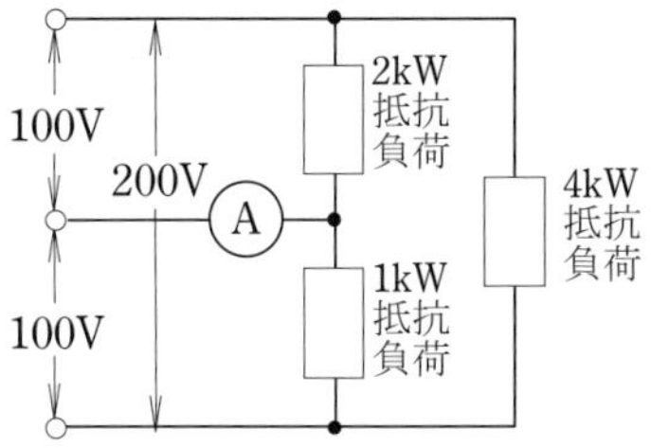 100V　200V　Ⓐ　2kW抵抗負荷　1kW抵抗負荷　4kW抵抗負荷　100V	10	20	30	40
2 図のような単相3線式回路において，a，b，c各線に流れる電流〔A〕で，正しいものは。 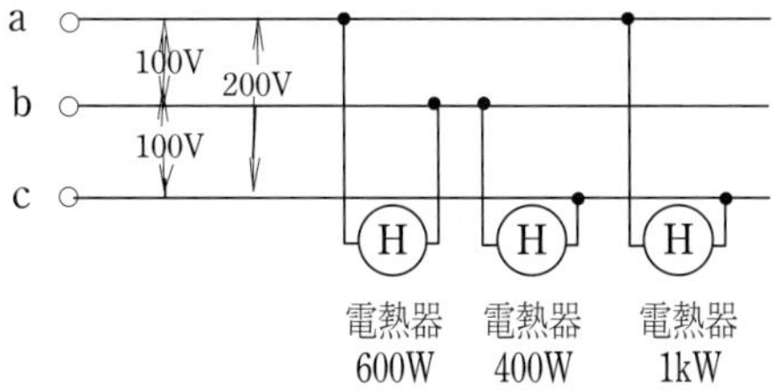 a　100V　200V　b　100V　c　Ⓗ Ⓗ Ⓗ　電熱器600W　電熱器400W　電熱器1kW	a 4 b 2 c 6	a 11 b 2 c 9	a 16 b 2 c 14	a 11 b 10 c 9
3 図のような単相3線式回路で，箱開閉器を閉じて機器Aの両端の電圧を測定したところ 150〔V〕を示した。この原因として正しいものは。 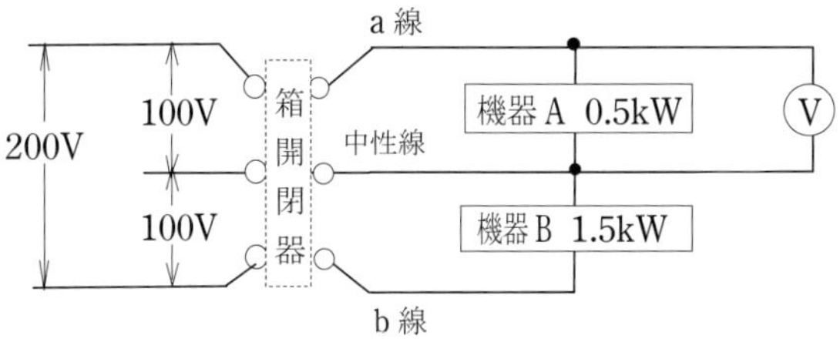 200V　100V　100V　箱開閉器　a線　中性線　機器A 0.5kW　Ⓥ　機器B 1.5kW　b線	機器Aが内部断線している	機器Bが内部断線している	中性線が断線している	箱開閉器内b線のヒューズが溶断している
4 図のような単相3線式回路において，×印点で断線したとき，ab間の電圧〔V〕は。 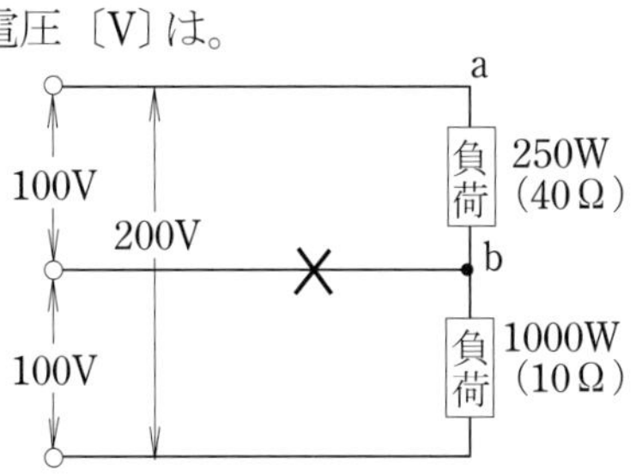 a　100V　200V　×　b　100V　負荷250W（40Ω）　負荷1000W（10Ω）	80	100	160	200
5 写真に示す器具の用途は。 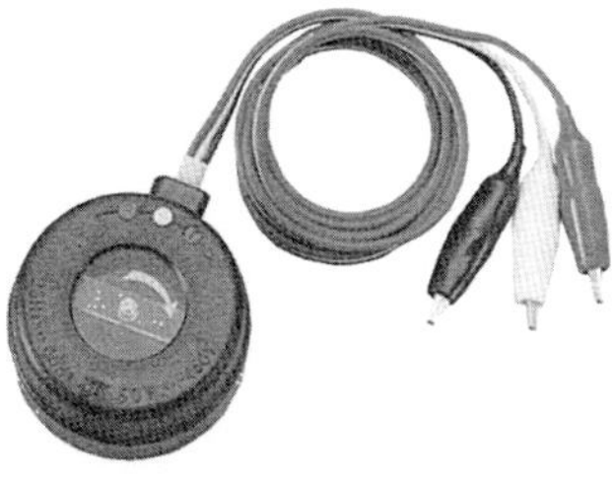 	三相回路の相順を調べるのに用いる	三相回路の電圧の測定に用いる	三相電動機の回転速度の測定に用いる	三相電動機の軸受けの温度の測定に用いる

三相 3 線式回路の計算

1. 電圧と電流

（1）電圧・電流の呼称

三相負荷や電源の電圧・電流は，（2）の図中のように呼ぶ。

各相の電圧電流を**相電圧**，**相電流**と呼び，三相負荷全体への電圧電流を**線間電圧**，**線電流**という。

（2）電圧と電流の大きさの関係

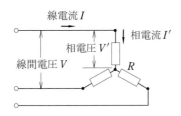

$$V = \sqrt{3}\, V' \cdots\cdots ①$$

$$I = I' = \frac{V'}{R} \cdots ②$$

 例
$V = 200$ 〔V〕, $R = 5$ 〔Ω〕のとき，

$$V' = \frac{200}{\sqrt{3}} = 115 \text{ 〔V〕}$$

$$I = I' = \frac{115}{5} = 23 \text{ 〔A〕}$$

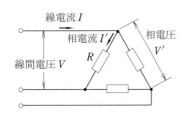

$$V = V' \cdots\cdots\cdots ③$$

$$I = \sqrt{3}\, I' \cdots\cdots ④$$

$$I' = \frac{V'}{R} = \frac{V}{R} \cdots ⑤$$

$V = 200$ 〔V〕, $R = 5$ 〔Ω〕のとき，

$$I' = \frac{200}{5} = 40 \text{ 〔A〕}$$

$$I = \sqrt{3} \times 40 = 70 \text{ 〔A〕}$$

2. 消費電力

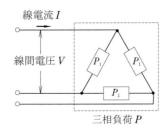

負荷の力率が $\cos\theta$ のとき，三相負荷の消費電力 P は，

$$P = \sqrt{3}\, VI\cos\theta \text{ 〔W〕} \cdots ⑥$$

抵抗負荷の場合は，$\cos\theta = 1$ であるから，

$$P = \sqrt{3}\, VI \text{ 〔W〕} \cdots\cdots\cdots ⑥'$$

1 相の電力が P_1 のとき，

$$P = 3P_1 \cdots\cdots\cdots\cdots\cdots ⑦$$

 例
$V = 200$ 〔V〕, $I = 5$ 〔A〕,
$\cos\theta = 0.8$ のとき，

$$P = \sqrt{3} \times 200 \times 5 \times 0.8$$
$$= 1{,}386 \text{ 〔W〕}$$

 例
1 相の電力が 2 〔kW〕のとき，

$$P = 3 \times 2 = 6 \text{ 〔kW〕}$$

Y 結線の負荷を各相の大きさを変えずに Δ 結線に変更すると，線電流と電力は両方とも **3 倍**になる（逆の場合は 1/3 倍）。…⑧

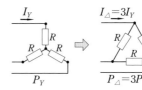

3. 1 線断線時の電流・電力

3 線のうち 1 線が断線すると，他線の電流と電力は，断線前に比べ，

$$\left.\begin{array}{l} \text{電流は断線前の } \dfrac{\sqrt{3}}{2} \text{ 倍} \\[2mm] \text{電力は断線前の } \dfrac{1}{2} \text{ 倍に減少する。} \end{array}\right\} \cdots ⑨$$

 受験対策

計算すれば求められるが，結果だけを暗記していると便利!!

例1 電流計Ⓐの指示値〔A〕は，およそ。

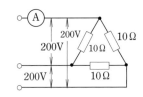

イ. 12　　ロ. 20　　ハ. 35　　ニ. 40

答
ハ

式⑤ ⇨ 相電流＝$\dfrac{200}{10}$＝20

式④ ⇨ 線電流＝$\sqrt{3}$ ×20＝35〔A〕

例2 線間電圧 200〔V〕，線電流 17.3〔A〕の場合，抵抗 R〔Ω〕の値は。

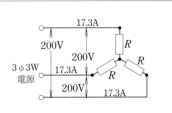

イ. 5.8　　ロ. 6.7　　ハ. 11.6　　ニ. 20.0

答
ロ

式① ⇨ 相電圧＝$\dfrac{200}{\sqrt{3}}$＝115

式② ⇨ 相電流＝17.3

式② ⇨ R＝$\dfrac{115}{17.3}$＝6.7〔Ω〕

例3 図のような三相負荷に，電圧 200〔V〕を加えたときの消費電力〔kW〕は。

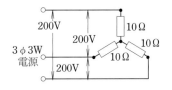

イ. 4　　ロ. 6　　ハ. 8　　ニ. 12

答
イ

式① ⇨ 相電圧＝$\dfrac{200}{\sqrt{3}}$＝115

式② ⇨ 線電流＝相電流＝$\dfrac{115}{10}$＝11.5

式⑥′ ⇨ P＝$\sqrt{3}$ ×200×11.5＝4,000〔W〕

　　　　　　＝4〔kW〕

例4 図のような三相3線式回路の全消費電力〔kW〕は。

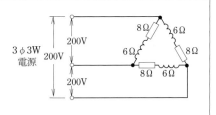

イ. 2.4　　ロ. 3.2　　ハ. 7.2　　ニ. 9.6

答
ニ

p.9 式③ ⇨ Z_1＝$\sqrt{8^2+6^2}$＝10〔Ω〕

式⑤ ⇨ 相電流 $I'\dfrac{200}{10}$＝20〔A〕

p.11 式② ⇨ P_1＝RI'^2＝8×20²

　　　　　　＝3,200〔W〕＝3.2〔kW〕

式⑦ ⇨ P＝3P_1＝3×3.2＝9.6〔kW〕

例5 ヒューズ1本が溶断すると，消費電力はヒューズ溶断前の何倍になるか。

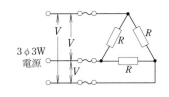

イ. $\dfrac{1}{\sqrt{3}}$　　ロ. $\dfrac{1}{2}$　　ハ. $\dfrac{2}{3}$　　ニ. $\dfrac{2}{\sqrt{3}}$

答
ロ

式⑨ ⇨ 1線断線時の電力は，$\dfrac{1}{2}$ 倍

例6 三相誘導電動機を電圧 200〔V〕，電流 10〔A〕，力率 80〔%〕で毎日1時間運転した場合，1カ月（30日）間の消費電力量〔kW・h〕は。
　　　ただし，$\sqrt{3}$＝1.73 とする。

イ. 48　　ロ. 75　　ハ. 83　　ニ. 130

答
ハ

式⑥ ⇨ 消費電力 P＝$\sqrt{3}$ ×200×10×0.8

　　　　　　＝2768〔W〕＝2.768〔kW〕

p.11 式⑦ ⇨ 消費電力量 W＝Pt

　　　　　　＝2.768×1×30

　　　　　　≒83〔kW・h〕

	問	イ	ロ	ハ	ニ
1	図のように抵抗 R〔Ω〕を星形に接続した回路に，三相電圧 V〔V〕を加えたときの全消費電力〔W〕は。 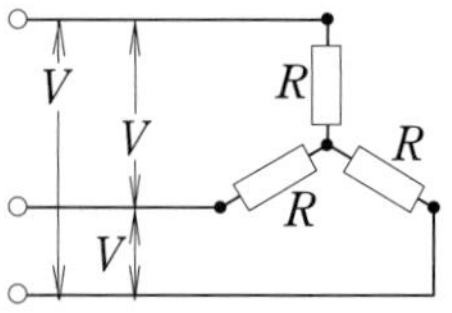	$\dfrac{V^2}{R}$	$\dfrac{V^2}{\sqrt{3}R}$	$\dfrac{\sqrt{3}V^2}{R}$	$\dfrac{V^2}{3R}$
2	図のように，線間電圧 E〔V〕の三相交流電源に，R〔Ω〕の3つの抵抗負荷が接続されている。この回路の消費電力〔W〕を示す式は。 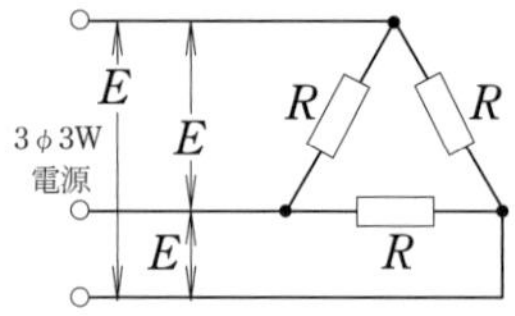	$\dfrac{E^2}{3R}$	$\dfrac{E^2}{2R}$	$\dfrac{E^2}{R}$	$\dfrac{3E^2}{R}$
3	図のような電源電圧 E〔V〕の三相3線式回路で，×印点で断線すると，断線後の ab 間の抵抗 R〔Ω〕に流れる電流 I〔A〕は。 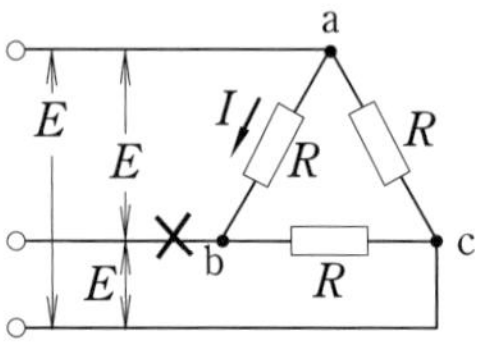	$\dfrac{E}{2R}$	$\dfrac{E}{\sqrt{3}R}$	$\dfrac{E}{R}$	$\dfrac{\sqrt{3}E}{R}$
4	図のような三相負荷に三相交流電圧を加えたとき，各相に 10〔A〕が流れた。 　線間電圧〔V〕は，およそ。 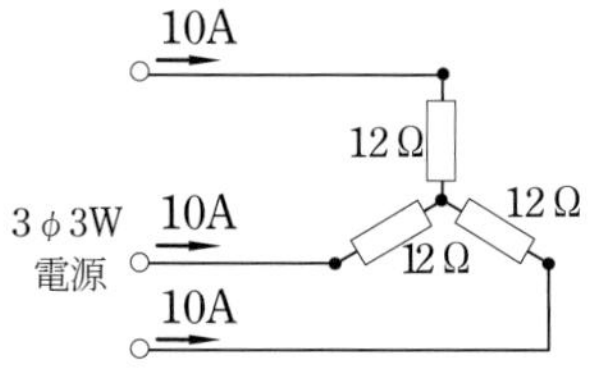	170	208	210	240
5	図のような三相3線式 200〔V〕の回路で，b−o 間の抵抗が断線した場合，断線後に a−o 間に流れる電流は断線前の何倍になるか。 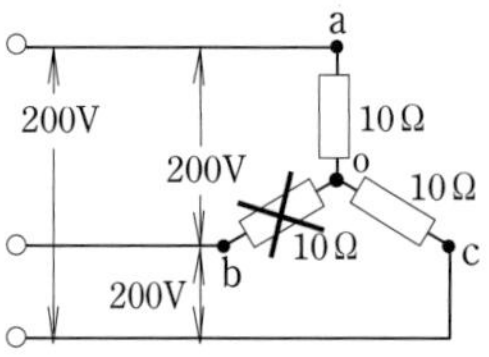	0.5	0.58	0.87	1.15
6	三相誘導電動機を電圧 200〔V〕，力率 80〔%〕，一定出力で6時間運転し，100〔kWh〕を消費した。運転時に，各線に流れる電流〔A〕は。	60	91	104	180
7	図のような三相3線式 200〔V〕の2つの回路において，電流 I_1 は電流 I_2 の何倍か。 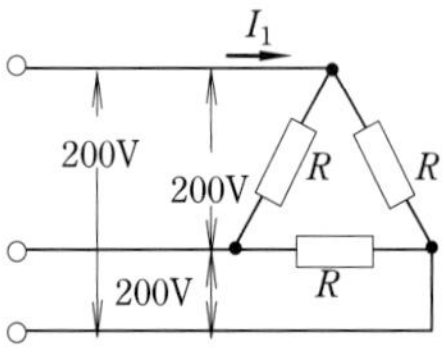 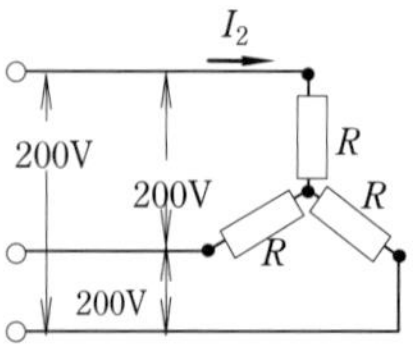	$\dfrac{1}{3}$	$\dfrac{1}{\sqrt{3}}$	$\sqrt{3}$	3

配電理論 4 線路電圧降下と線路損失の計算

1. 電圧降下の計算

配電線路では，電線の抵抗により電圧降下を生じ，受電端電圧は送電端電圧より低下する。

単相2線式

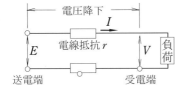

電線1条の電圧降下$=rI$…①

受電端電圧　$V=E-2rI$…②※

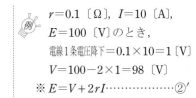

$r=0.1$〔Ω〕，$I=10$〔A〕，
$E=100$〔V〕のとき，

電線1条電圧降下$=0.1×10=1$〔V〕

$V=100-2×1=98$〔V〕

※$E=V+2rI$…………②′

単相3線式

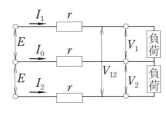

$V_1=E-2rI_1+rI_2$
$V_2=E-2rI_2+rI_1$
$V_{12}=V_1+V_2$
$\quad=2E-rI_1-rI_2$ 　　…③

負荷が平衡し$I_1=I_2$の場合，$V_1=V_2=E-rI_1$……………③′

$E=100$〔V〕，$r=0.1$〔Ω〕，
$I_1=20$〔A〕，$I_2=10$〔A〕のとき，
$V_1=100-2×0.1×20+0.1×10$
$\quad=100-4+1=97$〔V〕
$V_2=100-2×0.1×10+0.1×20$
$\quad=100-2+2=100$〔V〕
$V_{12}=200-0.1×20-0.1×10$
$\quad=200-2-1=197$〔V〕

三相3線式

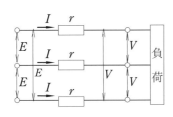

$V=E-\sqrt{3}\,rI$……………④

2. 単線図による表示と電圧降下の計算

配電線路の表示は，複線図による他に単線図が用いられる。

複線図

単線図

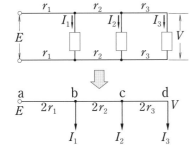

$2r_1$の電流$=I_1+I_2+I_3$
$2r_2$の電流$=I_2+I_3$
$2r_3$の電流$=I_3$

単線図の表示抵抗値は，1線の値を表示する場合もある。

受電端電圧 $V=E-$ab間電圧降下$-$bc間電圧降下$-$cd間電圧降下
$\quad=E-2r_1\,(I_1+I_2+I_3)-2r_2\,(I_2+I_3)-2r_3I_3$…………⑤

3. 線路電力損失

配電線路では，線路抵抗により**電力損失**を生じる。

　　　　　1線の線路損失　$P_{l1}=rI^2$〔W〕………………⑥

　　　　　線路損失は，線路電流の2乗に比例する。………⑥′

各配電方式の全線路損失

・単相2線式損失$=2P_{l1}$

・単相3線式（平衡時）損失
　　　　　$=2P_{l1}$ 　　⑦

・三相3線式損失$=3P_{l1}$

例1　単相2線式配線で, 電源 a 点の電圧が 105 [V]の場合, c 点の電圧 [V]は。

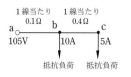

イ. 95　　ロ. 98　　ハ. 101　　ニ. 104

答 ロ　式⑤ ⇨ bc 間の電圧降下＝2×0.4×5＝4

　　ab 間の電圧降下＝2×0.1×(5＋10)＝3

　　$V_C＝105－3－4＝98$ [V]

例2　定格 200 [V], 4 [kW]の抵抗負荷への配線で, 電圧降下が 4[V]となるのは配線こう長 *l* が何[m]のときか。配線の電気抵抗は 1 線当たり 2.27 [Ω/km]とする。

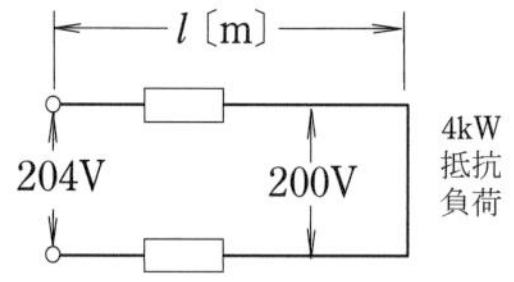

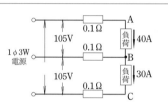

イ. 11　　ロ. 22　　ハ. 33　　ニ. 44

答 ニ　負荷電流＝$\frac{4,000}{200}＝20$ [A]

電圧降下が 4[V]となる電線抵抗 2 *r* は,

式① ⇨ $2r＝\frac{4}{20}＝0.2$ [Ω]

　電線長＝$\frac{0.2}{2.27}＝0.088$ [km]＝88 [m]

　こう長 $l＝\frac{88}{2}＝44$ [m]

例3　単相3線式回路で, BC 間の電圧 [V]は。負荷の力率は 100 [%]とする。

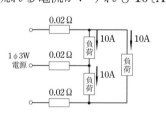

イ. 99　　ロ. 101　　ハ. 103　　ニ. 105

答 ハ　式③ ⇨ $V_{BC}＝105－2×0.1×30＋0.1×40$

　　　　　$＝105－6＋4＝103$ [V]

例4　図のような単相3線式回路において電線1線当たりの抵抗が 0.02 [Ω], 負荷に流れる電流がいずれも 10 [A]のとき, この電線路の電力損失 [W]は。
　ただし, 負荷は抵抗負荷とする。

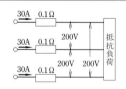

イ. 6　　ロ. 8　　ハ. 16　　ニ. 24

答 ハ　p.17 式② ⇨ 線 路 電 流＝10＋10＝20 [A]

p.17 式③ ⇨ 中性線電流＝10－10＝0

式⑥⑦ ⇨ 損　失＝2×0.02×20²＝16 [W]

例5　図のような三相交流回路において, 電源の電圧 [V]は。

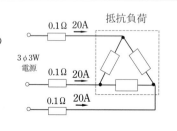

イ. 200　　ロ. 205　　ハ. 210　　ニ. 220

答 ロ　式④ ⇨ 電源電圧 $E＝200＋\sqrt{3}×0.1×30$

　　　　　　≒205 [V]

例6　図のような三相3線式回路で, 電線1線当たりの抵抗が 0.1 [Ω], 線電流が 20 [A]のとき, この電線路の電力損失 [W]は。

イ. 40　　ロ. 80　　ハ. 100　　ニ. 120

答 ニ　式⑥⑦ ⇨ $P_l＝3rI^2$

　　　　　$＝3×0.1×20^2$

　　　　　$＝120$ [W]

問	イ	ロ	ハ	ニ
1 　図のような単相2線式回路で，CC′間の電圧は 101〔V〕であった。AA′間の電圧〔V〕は。 　ただし，rは電線1条当たりの抵抗とし，負荷の力率は 100〔%〕とする。 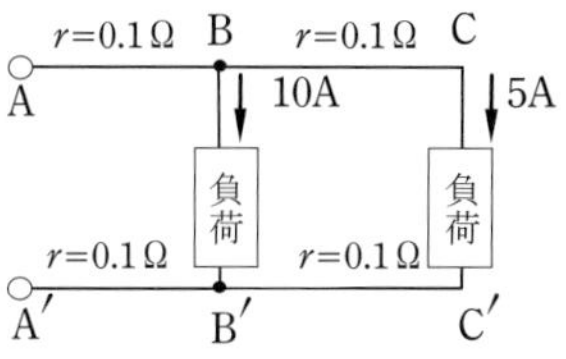 （図：$r=0.1\,\Omega$　B　$r=0.1\,\Omega$　C，A，10A，5A，負荷，負荷，$r=0.1\,\Omega$　A′　B′　$r=0.1\,\Omega$　C′）	103	103.5	104	105
2 　図のような単相2線式配線において，A点，B点，C点の電圧がそれぞれ 101〔V〕，99〔V〕，97〔V〕の場合，電流 I_1〔A〕及び I_2〔A〕の値は。 　ただし，電線1条当たりの抵抗は，AB間を 0.02〔Ω〕とし，BC間を 0.05〔Ω〕とする。 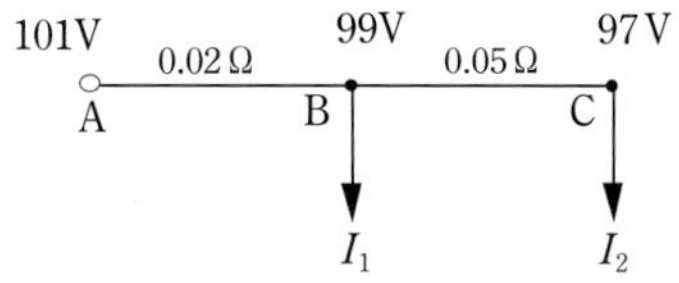 （図：101V　0.02Ω　99V　0.05Ω　97V　A　B　C　I_1　I_2）	$\begin{cases} I_1=30 \\ I_2=20 \end{cases}$	$\begin{cases} I_1=60 \\ I_2=40 \end{cases}$	$\begin{cases} I_1=80 \\ I_2=20 \end{cases}$	$\begin{cases} I_1=100 \\ I_2=40 \end{cases}$
3 　図のように，こう長 10〔m〕の電路により，抵抗負荷に 40〔A〕の電流を流す場合，電源から負荷までの電圧降下を 2〔V〕以内におさえられる電線の最小太さ〔mm²〕は。 　ただし，断面積1〔mm²〕，長さ1〔m〕の電線の抵抗を 0.017〔Ω〕（抵抗率：$\rho=0.017$〔Ω mm²/m〕）とする。 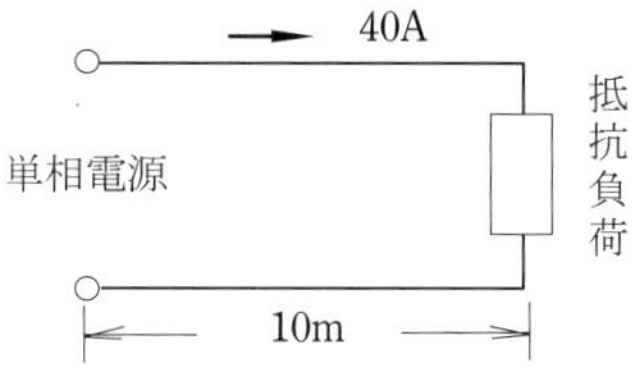 （図：40A　抵抗負荷　単相電源　10m）	5.5	8	14	22
4 　図のように，電線のこう長8〔m〕の配線により，消費電力2000〔W〕の抵抗負荷に電力を供給した結果，負荷の両端の電圧は 100〔V〕であった。配線における電圧降下〔V〕は。ただし，電線の電気抵抗は長さ 1000〔m〕あたり3.2〔Ω〕とする。 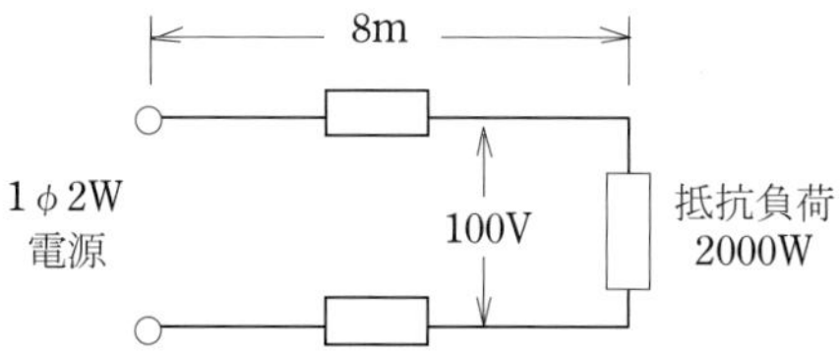 （図：8m　1φ2W電源　100V　抵抗負荷 2000W）	1	2	3	4

	問	イ	ロ	ハ	ニ
5	図のような単相 3 線式回路で，AB 間及び BC 間の電圧〔V〕は。 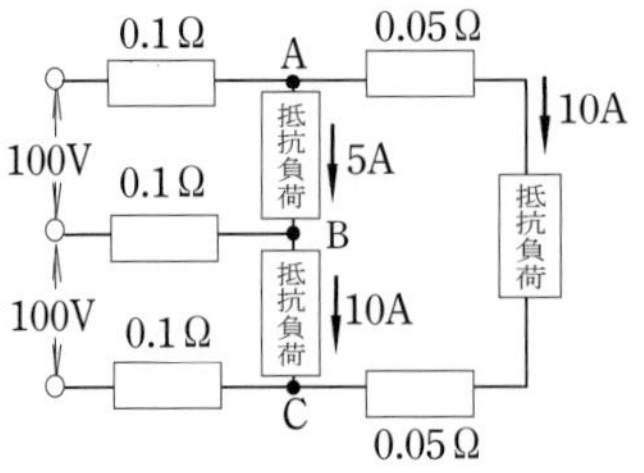 （0.1Ω, A, 0.05Ω, 100V, 0.1Ω, 抵抗負荷 5A, 10A, 抵抗負荷, B, 抵抗負荷 10A, 100V, 0.1Ω, C, 0.05Ω）	A−B 間 98　B−C 間 97.5	A−B 間 98　B−C 間 98.5	A−B 間 99　B−C 間 97.5	A−B 間 99　B−C 間 98.5
6	図のような単相 3 線式回路で，負荷の端子電圧がともに 100〔V〕であるとき，電源端子 A−B 間及び B−C 間の電圧〔V〕は。 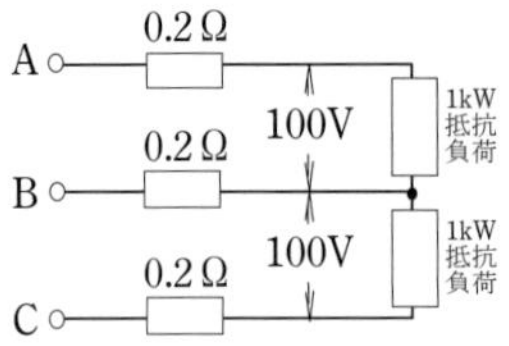 （A, 0.2Ω, 100V, 1kW 抵抗負荷, B, 0.2Ω, 100V, 1kW 抵抗負荷, C, 0.2Ω）	A−B 間 102　B−C 間 102	A−B 間 103　B−C 間 103	A−B 間 104　B−C 間 104	A−B 間 106　B−C 間 106
7	図のような単相 3 線式回路で電流計Ⓐの指示値が最も小さいものは。 ただし，Ⓗは定格電圧 100〔V〕の電熱器である。 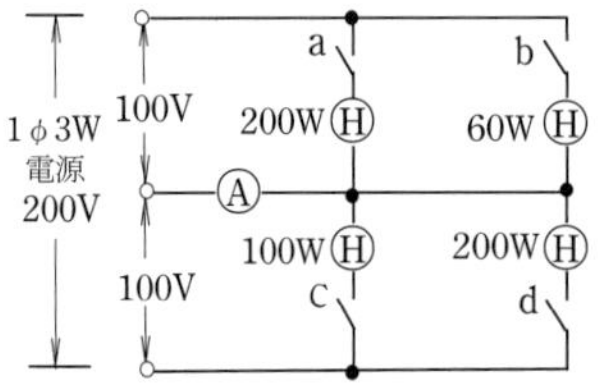 （1φ3W 電源 200V, a, b, 100V, 200W Ⓗ, 60W Ⓗ, Ⓐ, 100V, 100W Ⓗ, 200W Ⓗ, c, d）	スイッチ a,b を閉じた場合	スイッチ c,d を閉じた場合	スイッチ a,d を閉じた場合	スイッチ a,b,d を閉じた場合
8	図のような単相 3 線式回路において，電線 1 線当たりの抵抗が r〔Ω〕，抵抗負荷 A 及び B に流れる電流がともに I〔A〕のとき，この電線路の電力損失〔W〕を示す式は。 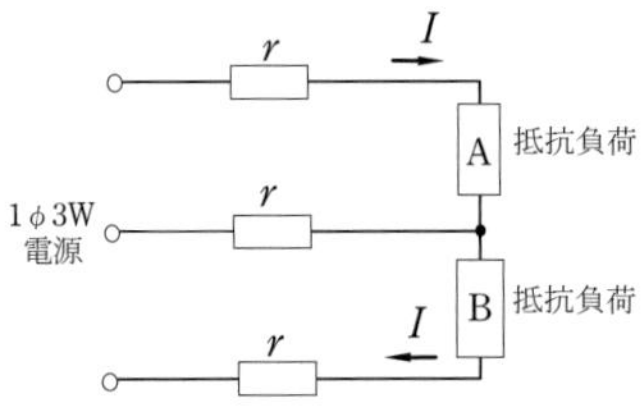 （1φ3W 電源, r, I, A 抵抗負荷, r, r, I, B 抵抗負荷）	$I^2 r$	$\sqrt{3}\,I^2 r$	$2I^2 r$	$3I^2 r$
9	図のような三相 3 線式回路で，電源の線間電圧が 210〔V〕であるとき，抵抗負荷端の線間電圧〔V〕は。 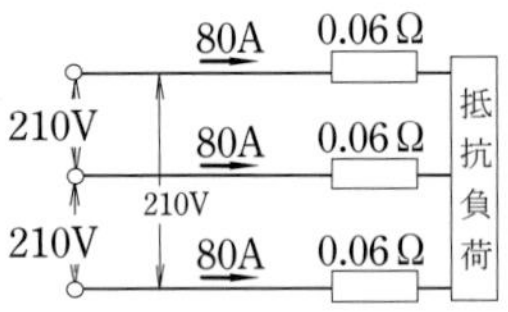 （80A, 0.06Ω, 210V, 80A, 0.06Ω, 210V, 210V, 80A, 0.06Ω, 抵抗負荷）	196	199	202	205

第3章
配線設計

電　　線

1. 電線の種類と用途

種　別		名　称	耐 熱 性 （最高許容温度）	用　途
絶縁電線 単線又は, より線に絶縁物を被覆した電線 導線　絶縁被覆	IV	屋内用 600〔V〕ビニル絶縁電線	※	屋内用
	HIV	屋内用 600〔V〕二種ビニル絶縁電線	耐熱（75℃）	
	OW	屋外用ビニル絶縁電線	※	屋外用
	DV	引込用ビニル絶縁電線	※	屋外, 引込用
ケーブル 絶縁耐力と機械的強さを大きくした絶縁電線 絶縁被覆　外装（シース）　心線	VVF VVR	ビニル絶縁ビニルシースケーブル（平形） 〃　　　　　　（丸形）	※	屋内・屋外 地中用
	EE/F EM-EEF/F	ポリエチレン絶縁耐燃性ポリエチレンシースケーブル 〃　　　　　（平形）	耐熱（75℃） エコケーブル	
	CV	架橋ポリエチレン絶縁ビニルシースケーブル〔CVD：2 本より CVT：3 本より	耐熱（90℃）	
	CB	コンクリート直埋用ケーブル	※	コンクリート直埋用
	CT VCT	キャブタイヤケーブル（ゴム絶縁） 〃　　　　（ビニル絶縁）	※	移動用
	MI	無機絶縁ケーブル	耐熱（250℃）	船舶等特種場所
コード 柔軟仕上げの電線 心線　絶縁被覆		ビニルコード ゴムコード ビニルキャブタイヤコード ゴムキャブタイヤコード	・一般の屋内配線には使用できない。 ・移動して使用できる。 ・電気器具取付や電球線に使用。 ・ビニル絶縁は発熱器具には使用不可。	

※　ビニル絶縁の電線は **60**〔℃〕**以下**で使用する。
　　より高温度の使用には, 耐熱材料絶縁の電線を使用する。

2. 太さの表示

① **単　線**　直径で表示　　　*例* 1.6〔mm〕

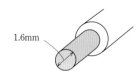

1.6mm

② **より線**　素線構成で表示　　*例* 7 本/0.6〔mm〕
　　　　　　公称断面積で表示　　*例* 2〔mm²〕

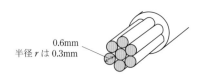

0.6mm
半径 r は 0.3mm

公称断面積＝素線 1 本の断面積 πr^2×素線数 n

例　7/0.6 より線の公称断面積は, $\pi \times 0.3^2 \times 7 \fallingdotseq 2$〔mm²〕

3. 許容電流

電線に安全に流すことができる最大電流を，**許容電流**という。

電線を電線管や線ぴに収めて使用すると，許容電流が小さくなる。この割合を**電流減少係数**という。

電線管に収めた許容電流＝許容電流×電流減少係数

電線に電流が流れるとジュール熱を生じ，発熱が大きくなると火災の原因となる。

太い電線ほど，大きい電流を流すことができる。

電線を電線管に収めると，熱が逃げにくいので許容電流が減少する。

1.6〔mm〕単線 2 本を金属管に通す場合の許容電流は

表 4・1 より 27〔A〕

表 4・2 より 0.7

27×0.7＝18.9〔A〕

表 4・1　電線の許容電流

電線の種類	許容電流
直径 1.6〔mm〕単線	**27**〔A〕
断面積 2〔mm²〕より線	
直径 2.0〔mm〕単線	**35**〔A〕
断面積 3.5〔mm²〕より線	**37**〔A〕
直径 2.6〔mm〕単線	**48**〔A〕
断面積 5.5〔mm²〕より線	**49**〔A〕
直径 3.2〔mm〕単線	**62**〔A〕
断面積 8〔mm²〕より線	**61**〔A〕
断面積 0.75〔mm²〕コード	**7**〔A〕
断面積 1.25〔mm²〕コード	**12**〔A〕

表 4・2　電線の電流減少係数

管内の電線数	電流減少係数
3 本以下	**0.7**
4 本	**0.63**（0.7×0.9）
5〜6 本	**0.56**（0.7×0.8）

例 1　耐熱性の最もすぐれている電線は。

　イ．VVF ケーブル　　　ロ．CV ケーブル

　ハ．MI ケーブル　　　　ニ．キャブタイヤケーブル

答　ハ

MI ケーブル
耐熱温度（最高許容温度）が最も高い

例 2　600〔V〕ビニル絶縁電線 14〔mm²〕の構成

（素線数〔本〕/素線径〔mm〕）は。

　イ．7/1.0　　　ロ．7/1.6　　　ハ．7/2.0　　　ニ．7/2.6

答　ロ

断面積を順に求める。

問題の素線径は直径なので，計算は半径で行う。

イ：$3.14 \times 0.5^2 \times 7 = 5.5$

ロ：$3.14 \times 0.8^2 \times 7 = 14$

例 3　600〔V〕ビニル絶縁電線 2 本を合成樹脂管に収めたとき電線の電流減少係数は。ただし，周囲温度は 30〔℃〕以下とする。

　イ．0.49　　　ロ．0.56　　　ハ．0.63　　　ニ．0.7

答　ニ

3 本以下だから表 4・2 より

電流減少係数は 0.7

例 4　直径 2.0〔mm〕の 600〔V〕ビニル絶縁電線を薄鋼電線管内に 5 本収めたとき，電線の許容電流〔A〕は，およそ。周囲温度は 30〔℃〕以下とする。

　イ．19　　　ロ．22　　　ハ．25　　　ニ．35

答　イ

直径 2.0〔mm〕の許容電流は表 4・1 より 35〔A〕。

5 本収めた電流減少係数は表 4・2 より 0.56。

許容電流＝35×0.56＝19.6

例 5　100〔V〕，2〔kW〕の電熱器 1 台を使用する単相回路を，金属管工事で施工する場合，使用できる 600〔V〕ビニル絶縁電線の最小太さ〔mm〕は。電線のこう長に伴う電圧降下は無視する。

　イ．1.2　　　ロ．1.6　　　ハ．2.0　　　ニ．2.6

答　ハ

電熱器電流＝2,000/100＝20〔A〕
電線 2 本を金属管に収める電流減少係数は　0.7
解答イから順に許容電流を計算，20〔A〕以上をさがすと
イ：（1.6 未満は使用できない）
ロ：27×0.7＝18.9〔A〕
ハ：35×0.7＝24.5〔A〕

問		イ	ロ	ハ	ニ
1	太さが 2.6〔mm〕の銅線とほぼ同等の許容電流を有する銅より線の構成 （素線数/素線の直径〔mm〕）は。	7/1.0	7/1.2	7/1.6	7/2.0
2	0.75〔mm²〕のコードの素線構成 （素線数〔本〕/素線の直径〔mm〕）は。	30/0.16	50/0.16	30/0.18	50/0.18
3	DV の記号で表される電線の名称は。	屋外用 ビニル 絶縁電線	600〔V〕 ビニル絶縁 ビニル外装 ケーブル	600〔V〕 ビニル 絶縁電線	引込用 ビニル 絶縁電線
4	次の各電線の記号を上から順に示すと。 (1) 600〔V〕二種ビニル絶縁電線 (2) 屋外用ビニル絶縁電線 (3) 引込用ビニル絶縁電線	(1) HIV (2) OW (3) DV	(1) HIV (2) DV (3) OW	(1) OW (2) HIV (3) DV	(1) DV (2) OW (3) HIV
5	絶縁物の最高許容温度が最も高いものは。	600V 二種 ビニル絶縁 電線（HIV）	600V ビニル 絶縁電線（IV）	600V ビニル 絶縁ビニル シースケーブ ル丸形（VVR）	600V 架橋ポ リエチレン絶 縁ビニルシー スケーブル （CV）
6	低圧屋内配線として，600〔V〕ビニル絶縁電線（IV）が使用できる許容温度は，最高何度〔℃〕未満か。	40	60	90	120
7	断面積 0.75〔mm²〕のコード（絶縁物の種類が天然ゴム混合物）を使用できる器具で容量の最も大きいものは。 ただし，器具の定格電圧は100〔V〕とする。	300〔W〕の 電気アイロン	600〔W〕の 電気こたつ	800〔W〕の 電気炊飯器	1〔kW〕の 電子レンジ
8	単相 200〔V〕配線において，定格電圧200〔V〕，定格消費電力6〔kW〕の電熱器へ金属管工事で配線する場合，600V ビニル絶縁電線（銅導体）の最小の太さ〔mm〕は。	1.6	2.0	2.6	3.2
9	断面積 5.5〔mm²〕の 600V ビニル絶縁電線3本を金属線ぴ内に収めたとき，電線の許容電流〔A〕は。	19	24	34	42
10	600V ビニル絶縁ビニルシースケーブル平形（VVF），太さ 1.6〔mm〕，3 心の許容電流〔A〕は。 ただし，周囲温度は30〔℃〕とし，電流減少係数は0.7とする。	19	24	33	43

過電流遮断器・漏電遮断器

1. 過電流遮断器

（1）過電流遮断器の設置

電路に過電流が流れて発生する事故を防止するため，電路には設定以上の電流が流れると電流を自動的に遮断する**過電流遮断器**を設置する。

（2）種 類

過電流遮断器には，**ヒューズ**と**配線用遮断器（ブレーカ）**がある。

（3）過電流遮断器の特性

過電流遮断器は，次の特性を持たなければならない。

表 4・3 定格 30A 以下の特性

	定格電流の		
ヒューズ	1.1 倍に耐える	1.6 倍で 60 分以内に溶断	2 倍で 2 分以内に溶断
配線用遮断器	1.0 倍に耐える	1.25 倍で 60 分以内に遮断	2 倍で 2 分以内に遮断

（4）過電流遮断器施設の禁止

単相 3 線式電路の**中性線**には過電流遮断器を入れてはならない。

⇨ 開閉器中性線にはヒューズを入れないで銅バーを入れる。

（5）分岐回路配線用遮断器の施設方法

・100〔V〕分岐回路に極性のある配線用遮断器（2P1E）を使用する場合は，接地（N）側を中性線に接続。

・200〔V〕分岐回路は，2 極 2 素子（2P2E）のものを使用。

2. 漏電遮断器の設置

人が触れるおそれのある機器の電路には，電路に地絡を生じたときに自動的に電路を遮断する**漏電遮断器**を設置する。

ただし，以下の機器の場合などは**省略できる**。

① **60〔V〕以下**の機器。

② **簡易接触防護措置**を施した機器。

③ **乾燥した場所**に設置する機器（対地電圧を問わない）。

④ **水気のある場所以外**に設置する対地電圧 **150〔V〕以下**の機器。

⑤ **二重絶縁**か，**絶縁物被覆**の機器。

⑥ **接地抵抗値が 3〔Ω〕以下**の機器。

過電流：定格を超える負荷による過負荷電流や，事故時の短絡電流のように，回路の許容を超える電流をいう。

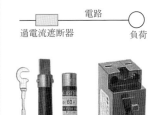

ヒューズ　配線用遮断器

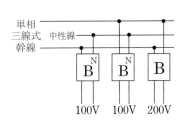

地絡
　電線や機器の絶縁不良により，電流が電線管や機器の外箱から大地に漏れることを漏電という。
　漏電や事故により，線路から大地に電流が流れることを地絡という。

漏電遮断器

内蔵した**零相変流器**で，地絡電流を検出して遮断動作する。

過電流素子付漏電遮断器は，地絡電流と過電流で動作するもので，漏電遮断器と配線用遮断器の動作を兼ね備える。

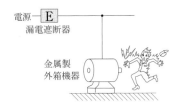

例1 低圧電路に使用する定格電流 20〔A〕の配線用遮断器に 40〔A〕の電流が流れたとき，自動的に遮断しなければならない時間〔分〕の限度は。

イ. 1 　　ロ. 2 　　ハ. 3 　　ニ. 4

答 ロ

$\dfrac{40}{20}=2$ 倍

4・3表より　2分以内

例2 定格電流 5〔A〕のつめ付きヒューズで保護されている単相2線式 100〔V〕の回路に，定格電圧 100〔V〕,定格消費電力 800〔W〕の電熱器を接続して通電した場合,このヒューズは。

イ. 2分以内に溶断しなければならない

ロ. 20分以内に溶断しなければならない

ハ. 60分以内に溶断しなければならない

ニ. 溶断してはならない

答 ハ

電熱器電流は

$\dfrac{800}{100}=8$〔A〕

定格電流に対して

$\dfrac{8}{5}=1.6$ 倍

表4・3より溶断時間は 60分以内

例3 低圧屋内電路で,ヒューズを施設してはならないものは。

イ. 単相2線式の接地側電線

ロ. 単相2線式の非接地側電線

ハ. 単相3線式の中性線

ニ. 三相3線式の接地側電線

答 ハ

単相3線式の中性線

例4 単相3線式 100/200〔V〕の分電盤に配線用遮断器を施設する場合で適切なものは。ただし，N は配線用遮断器の端子の極性表示を示す。

イ. 　　ロ. 　　ハ. 　　ニ.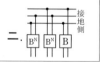

答 ニ

接地側を示す N 端子は必ず中性線に接続。非接地の外側2線には N 端子を接続してはいけない。200〔V〕分岐回路は無極性を使用。

例5 単相3線式 100/200〔V〕の屋内配線工事で漏電遮断器を省略できないものは。

イ. 簡易接触防護措置を施していない（人が容易に触れるおそれがある）場所に施設するライティングダクトの電路

ロ. 小勢力回路の電路

ハ. 乾燥した場所の天井に取り付ける照明器具に電気を供給する電路

ニ. 乾燥した場所に施設した、金属製外箱を有する使用電圧 200〔V〕の電動機に電気を供給する電路

答 イ

ロ：省略条件①に該当

ハ：省略条件③に該当

ニ：省略条件③に該当

例6 漏電遮断器の設置を省略できるものは。

イ. 建設工事用などの屋外臨時施設に電気を供給する電路

ロ. 水気のある場所に設置した 100〔V〕の単相誘導電動機（鉄台の接地抵抗 80〔Ω〕）に至る電路

ハ. 屋外に施設した，人の触れるおそれのある三相 200〔V〕電動機（鉄台の接地抵抗 20〔Ω〕）に至る電路

ニ. 事務所の出退表示灯に至る単相 24〔V〕の電路

答 ニ

ニ：省略条件①に該当

イ：屋外は水気があり，省略不可

ロ，ハ：3〔Ω〕以下の場合，省略可

	問	イ	ロ	ハ	ニ
1	30〔A〕以下の配線用遮断器の特性で正しいものは。	定格電流の1.6倍の電流を通じた場合，120分以内に自動的に動作する	定格電流の1.5倍の電流を通じた場合，80分以内に自動的に動作する	定格電流の2倍の電流を通じた場合，4分以内に自動的に動作する	定格電流の2倍の電流を通じた場合，2分以内に自動的に動作する
2	低圧電路に使用する定格電流20〔A〕のヒューズに40〔A〕の電流が流れたとき，自動的に溶断しなければならない時間〔分〕の限度は。	2	4	6	8
3	単相3線式100/200〔V〕屋内配線の住宅用分電盤を点検した。不適切なものは。	ルームエアコン（単相200〔V〕）の分岐開閉器として2極1素子の配線用遮断器を使用していた。	電熱器（単相100〔V〕）の分岐開閉器として2極2素子の配線用遮断器を使用していた。	主開閉器の中性線に銅バーを使用していた。	電灯専用（単相100〔V〕）の分岐開閉器として2極1素子の配線用遮断器を使用していた。
4	低圧屋内電路の保護装置として，ヒューズを取り付けてはならないものは。	単相2線式の開閉器の非接地側の極	単相3線式の開閉器の非接地側の極	単相3線式の開閉器の中性極	三相3線式の開閉器の3極
5	漏電遮断器の施設が必要な屋内配線は。	工場の湿気のある場所に，三相200〔V〕の電動機を施設し，その鉄台にD種接地工事を行った（接地抵抗値は5〔Ω〕）	住宅内で乾燥した場所に，100/200〔V〕の単相3線式の機器を施設した	使用電圧100〔V〕の電気温床で，発熱線を空中に施設した	事務所に出退表示灯の24〔V〕配線を施設した
6	低圧屋内電路に施設する漏電遮断器の施設方法で，誤っているものは。	引込口開閉器として過電流素子付漏電遮断器（配線用遮断器を内蔵）を使用した	水気のある場所に設置した100〔V〕の単相電動機（接地抵抗値5〔Ω〕）に至る配線で，漏電遮断器を省略した	水気のある場所に設置した100〔V〕の電気洗濯機（接地抵抗値50〔Ω〕）に至る配線で，漏電遮断器を施設した	木造の乾燥した床の上に設置した三相200〔V〕の電動グラインダーに至る配線で，漏電遮断器を省略した
7	漏電遮断器に内蔵されている零相変流器の役割は。	地絡電流の検出	短絡電流の検出	過電圧の検出	不足電圧の検出

幹　　線

　幹線とは，引込口から分岐回路に至るまでの配線をいい，引込口に近いところに**引込開閉器**及び**過電流遮断器**が取り付けられる。

　配線用遮断器などで，引込開閉器と過電流遮断器を兼ねる場合が多い。

1. 幹線の太さ（許容電流）
　幹線には，幹線を通る負荷電流に応じた太さの電線を用いる。

幹線の太さ（許容電流）　　下限（最小値）を規定

① 負荷が電灯や電熱器など（電動機以外）の場合
　幹線の許容電流 $I_W \geqq$ 負荷の定格電流の合計 I_H

② 負荷が電動機の場合
　$I_W \geqq \mathbf{1.25} \times$ 電動機定格電流の合計 I_M （$I_M \leqq 50$〔A〕のとき）
　$I_W \geqq \mathbf{1.1} \times$ 電動機定格電流の合計 I_M （$I_M > 50$〔A〕のとき）

③ 負荷が①と②の両方の場合
　①＋②　　＊$I_W \geqq I_H + 1.25 I_M$ （$I_M \leqq 50$〔A〕）
　　　　　　$I_W \geqq I_H + 1.1 I_M$ （$I_M > 50$〔A〕）

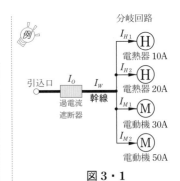

図 3・1

Ⓗの合計電流 ＝ 10 ＋ 20 ＝ 30〔A〕
Ⓜの合計電流 ＝ 30 ＋ 50 ＝ 80〔A〕
幹線許容電流
　$I_W \geqq 30 + 1.1 \times 80 = 118$〔A〕
〈注〉
＊$I_M \leqq I_H$ の場合は
　$I_W = I_M + I_H$ （出題率低い）

2. 過電流遮断器の設置と定格
① 低圧屋内幹線には**過電流遮断器**を設置する。
② 負荷に応じた定格を用いる。

過電流遮断器の定格　　上限（最大値）を規定

① 負荷が電灯や電熱器などの場合
　過電流遮断器の定格電流 $I_0 \leqq$ 負荷の定格電流の合計 I_H

② 負荷が電動機の場合
　$I_0 \leqq 3 \times$ 電動機定格電流の合計 I_M

③ 負荷が①と②の両方の場合
　①＋②　　$I_0 \leqq I_H + 3 I_M$

　定格が大き過ぎると，負荷に過電流が流れても遮断されない場合がある。

 図 3・1 の例より
　Ⓗの合計電流 ＝ 10 ＋ 20 ＝ 30〔A〕
　Ⓜの合計電流 ＝ 30 ＋ 50 ＝ 80〔A〕
より
　過電流遮断器定格電流
　$I_0 \leqq 30 + 3 \times 80 = 270$〔A〕

★　☆　★　*負荷設備の需要率*　☆　★　☆

　多数の負荷設備が設置されている時，総設備が同時に使用されるとは限らない。負荷の**総設備電力**（容量という）に対して，使用する**最大の電力**の割合を**需要率**という。

 1〔kW〕の電動機が 5 台設置され，最大の使用時が 4 台である場合，

$$需要率 = \frac{最大使用（需要）電力}{総設備容量} = \frac{4 \times 1 \text{〔kW〕}}{5 \times 1 \text{〔kW〕}} = 0.8 \Rightarrow 80 \text{〔％〕}$$

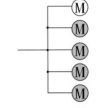

例1 図のように三相電動機と三相電熱器が幹線に接続されている場合，幹線の太さを決める根拠となる電流の最小値〔A〕は。

需要率は 100〔%〕とする。

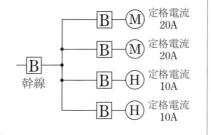

イ．60　　ロ．64　　ハ．70　　ニ．140

答 ハ

$I_M=20+20=40$〔A〕
$I_H=10+10=20$〔A〕
幹線許容電流の最小値は
$I_M=40<50$　だから
$I=20+1.25\times40=70$〔A〕

例2 定格電流 8〔A〕の電動機 8 台が接続された低圧屋内幹線がある。この幹線の太さを選定するための根拠となる最小許容電流〔A〕は。

ただし，これらの電動機の需要率は 75〔%〕とする。

イ．40　　ロ．60　　ハ．70　　ニ．80

答 ロ

定格電流の合計$=8\times8=64$〔A〕
最大使用負荷電流$=64\times0.75$
　　　　　　　　　$=48$〔A〕$\leqq50$〔A〕
幹線最小許容電流$=1.25\times48=60$〔A〕

例3 定格電流 30〔A〕の電動機 1 台と定格電流 5〔A〕の電熱器 2 台に電力を供給する低圧屋内幹線を保護する過電流遮断器の定格電流の最大値〔A〕は。

イ．40　　ロ．70　　ハ．100　　ニ．130

答 ハ

$I_M=30$〔A〕
$I_H=5\times2=10$〔A〕
$I_0=10+3\times30=100$〔A〕

	問	イ	ロ	ハ	ニ
1	定格電流 20〔A〕の電動機と定格電流 5〔A〕の電動機各 1 台に電力を供給する低圧屋内幹線を保護するヒューズの定格電流の最大値〔A〕は。 ただし，幹線の許容電流は 35〔A〕，需要率は 100〔%〕とする。	50	75	100	150
2	定格電流 20〔A〕の電動機 2 台と定格電流 30〔A〕の電動機 1 台に 1 回路で電力を供給する場合，低圧屋内幹線の太さを決める根拠となる電流の最小値〔A〕は。 ただし，需要率は 100〔%〕とする。	70	77	87.5	210
3	図のような電熱器⑭1 台と電動機⑭2 台が接続された単相 2 線式の低圧屋内幹線がある。この幹線の太さを決定する根拠となる電流 I_W〔A〕と幹線に施設しなければならない過電流遮断器の定格電流を決定する根拠となる電流 I_B〔A〕の組合せとして適切なものは。 ただし，需要率は 100〔%〕とする。 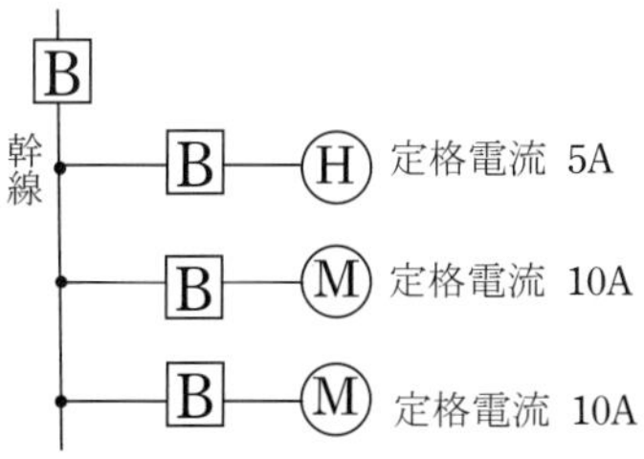 幹線 —B—⑭ 定格電流 5A —B—Ⓜ 定格電流 10A —B—Ⓜ 定格電流 10A	$I_W=25$ $I_B=25$	$I_W=27$ $I_B=65$	$I_W=30$ $I_B=65$	$I_W=30$ $I_B=75$

配線設計 4　　　　　# 分岐回路　Ⅰ

分岐回路とは，幹線から分岐して負荷に至る間の配線をいう。

1. 過電流遮断器の設置

分岐回路には**分岐開閉器**と**過電流遮断器**を設置する（開閉器を兼ねた過電流遮断器の場合が多い）。

過電流遮断器の設置場所

過電流遮断器を分岐回路上に設置する位置は分岐線の許容電流の大きさによって制限される。

	分岐線許容電流 I_W の大きさ	設置位置
①	I_W が大 幹線過電流遮断器定格 I_0 の **0.55 倍以上**	制限なし
②	I_W が中 幹線過電流遮断器定格 I_0 の **0.35 倍以上**	分岐点から **8m 以下**
③	I_W が小 幹線過電流遮断器定格 I_0 の **0.35 倍未満**	分岐点から **3m 以下**

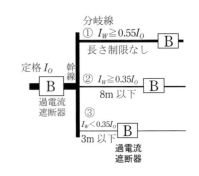

例1　定格電流 100〔A〕の過電流遮断器で保護された低圧屋内幹線から，太さ 2.6〔mm〕の電線（許容電流 33〔A〕）で分岐回路を施設する場合，分岐点から配線用遮断器を施設する位置までの最大の長さ〔m〕は。

イ．3　　　　ロ．5　　　　ハ．8　　　　ニ．10

答　イ

分岐線許容電流の幹線過電流遮断器定格に対する倍率は

$$\frac{33}{100}=0.33 \text{ 倍}$$

0.35 倍未満だから
最大値は 3〔m〕

例2　図のように定格電流 100〔A〕の配線用遮断器を施設した低圧屋内幹線から分岐して，配線用遮断器を施設するとき，分岐線 (a)，(b) の電線の太さ〔mm²〕の組合せで誤っているものは。

電線の太さ 〔mm²〕	8	14	22
許容電流 〔A〕	42	61	80

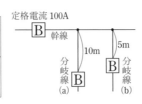

イ．(a) 8　　ロ．(a) 14　　ハ．(a) 14　　ニ．(a) 22
　　(b) 22　　　　(b) 8　　　　(b) 22　　　　(b) 14

答　イ

分岐線（a）
　設置場所…8〔m〕を越えている
　許容電流…100×0.55＝55〔A〕以上
　電線の太さ（表より）
　　　　　　　…14〔mm²〕以上

分岐線（b）
　設置場所…3〔m〕を越えている
　許容電流…100×0.35＝35〔A〕以上
　電線の太さ（表より）
　　　　　　　…8〔mm²〕以上

イ．は (a) が条件を満たさない

	問	イ	ロ	ハ	ニ
1	定格電流75〔A〕の過電流遮断器B₁を施設した低圧屋内幹線から，許容電流35〔A〕の絶縁電線を分岐した場合，分岐回路の過電流遮断器B₂は。 B₁ 75A 幹線 35A B₂	分岐点から3〔m〕以下の箇所に施設しなければならない	分岐点から8〔m〕以下の箇所に施設しなければならない	どこに施設してもよい	施設する必要がない
2	図のような低圧屋内幹線から分岐する回路で，AB間に使用できる600Vビニル絶縁電線（銅導体）の最小の太さは。 ただし，分岐する回路は金属管工事とし，周囲温度は30〔℃〕以下とする。 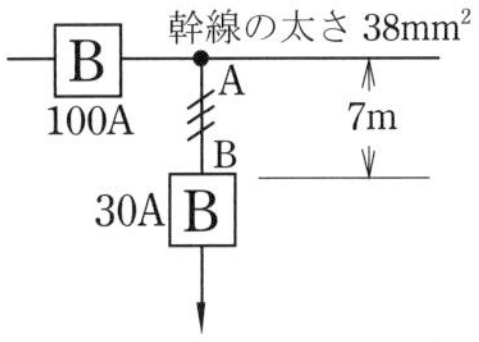 B 100A 幹線の太さ38mm² A 7m B 30A 電線の太さ 1.6mm 2mm 5.5mm² 8mm² / 許容電流(A) 27 35 49 61	直径1.6〔mm〕	直径2.0〔mm〕	公称断面積5.5〔mm²〕	公称断面積8〔mm²〕
3	図のような定格電流150〔A〕の過電流遮断器を施設した許容電流115〔A〕の低圧屋内幹線から分岐して，過電流遮断器を施設するとき，ab間の電線の許容電流の最小値〔A〕は。 B 150A 許容電流115A a 7m b B	40.3	52.5	63.3	82.5
4	定格電流100〔A〕の過電流遮断器で保護された低圧屋内幹線から，公称断面積5.5〔mm²〕の電線（許容電流49〔A〕）で分岐回路を施設する場合，分岐点から配線用遮断器を施設する位置までの最大の長さ〔m〕は。	3	5	8	10

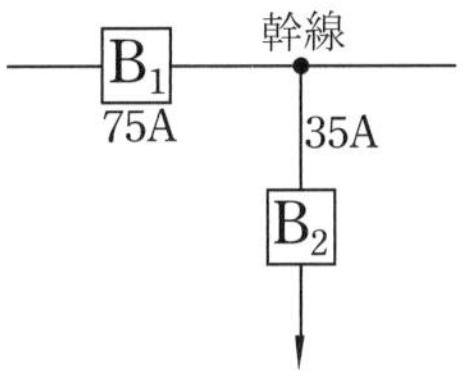

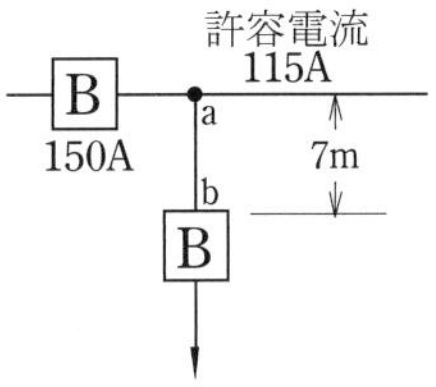

分岐回路　Ⅱ

1. 分岐回路の種類

　分岐回路は使用する過電流遮断器で種別され，電線やコンセントが規定されている（40〔A〕以上の分岐回路は省略）。

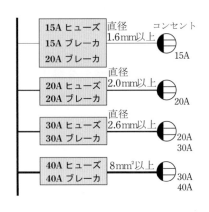

種　類	過電流遮断器の定格	使 用 電 線	コンセント定格
15A 分岐回路	15A 配線用遮断器 15A ヒューズ	直径 1.6mm 以上	15A
20A 配線用遮断器 分岐回路※	20A 配線用遮断器	直径 2.0mm 以上	20A
20A 分岐回路	20A ヒューズ		20A
30A 分岐回路	30A 配線用遮断器 30A ヒューズ	直径 2.6mm 以上 面積 5.5mm² 以上	20A，30A

（注）電灯は，すべての分岐回路に接続でき，数の制限はない。

※　15〔A〕と20〔A〕のコンセントが使用できるが，20〔A〕コンセントには，2.0〔mm〕以上の電線を用いる。（内線規程）

例 1　図のような分岐回路で，電線 a，b の最小太さ〔mm〕の組み合わせで正しいものは。

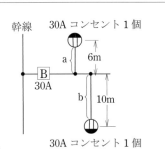

幹線　30A コンセント 1 個
a　6m
B 30A
b　10m
30A コンセント 1 個

イ. a 1.6
　　b 2.0
ロ. a 1.6
　　b 2.6
ハ. a 2.0
　　b 2.0
ニ. a 2.6
　　b 2.6

答
ニ

30〔A〕コンセントを接続する 30〔A〕分岐回路の電線は，2.6〔mm〕以上。

例 2　低圧屋内配線の分岐回路の設計で，配線用遮断器，分岐回路の電線太さ及びコンセント・電灯の組合せとして，誤っているものは。電線の数値は分岐回路の銅線の太さ〔mm〕を示す。

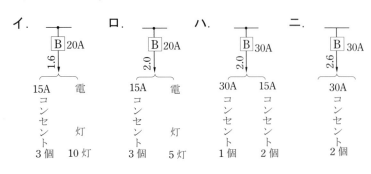

イ.
B 20A
1.6
15A コンセント 3 個　電灯 10 灯

ロ.
B 20A
2.0
15A コンセント 3 個　電灯 5 灯

ハ.
B 30A
2.0
30A コンセント 1 個　15A コンセント 2 個

ニ.
B 30A
2.6
30A コンセント 2 個

答
ハ

イ，ロ：20〔A〕ブレーカは，1.6〔mm〕以上の電線で 15〔A〕のコンセントが適合→正しい（電灯は無関係）

ニ：30〔A〕ブレーカは，2.6〔mm〕以上の電線で 20〔A〕と 30〔A〕のコンセントが適合→正しい

ハ：30〔A〕ブレーカに，2.0〔mm〕電線と 15〔A〕のコンセントが適合しない

問	イ	ロ	ハ	ニ
1 低圧屋内配線の分岐回路の設計で，配線用遮断器，分岐回路の電線の太さ及びコンセントの組合せとして，適切なものは。 ただし，分岐点から配線用遮断器までは 3 〔m〕，配線用遮断器からコンセントまでは 8 〔m〕とし，電線の数値は分岐回路の電線（軟銅線）の太さを示す。 また，コンセントは兼用コンセントではないものとする。	B 20A 2.0mm 定格電流 20A のコンセント 1 個	B 30A 2.0mm 定格電流 30A のコンセント 1 個	B 20A 1.6mm 定格電流 30A のコンセント 1 個	B 30A 2.6mm 定格電流 15A のコンセント 2 個
2 低圧屋内配線の分岐回路の設計で，配線用遮断器，分岐回路の電線太さ及びコンセントの組合せとして，正しいものは。 ただし，電線の数値は，分岐回路の銅線の太さ〔mm〕を示す。	B 30A / B 20A 2.6 / 2.0 30A コンセント 2 個 / 15A コンセント 1 個	B 30A / B 20A 2.6 / 1.6 15A コンセント 2 個 / 30A コンセント 1 個	B 30A / B 20A 1.6 / 2.0 30A コンセント 1 個 / 20A コンセント 1 個	B 30A / B 20A 2.0 / 1.6 15A コンセント 2 個 / 15A コンセント 1 個
3 低圧屋内分岐回路に使用する配線用遮断器の定格電流と電線（軟銅線）の太さの組合せで，誤っているものは。	定格電流 50 〔A〕 断面積 8 〔mm²〕	定格電流 30 〔A〕 直径 2.6 〔mm〕	定格電流 30 〔A〕 断面積 5.5 〔mm²〕	定格電流 20 〔A〕 直径 2.0 〔mm〕
4 定格電流 40 〔A〕の配線用遮断器で保護される分岐回路の電線（軟銅線）の太さと，接続できるコンセントの記号の組合せとして，適切なものは。 ただし，電流減少係数は無視する。	直径 2.6 〔mm〕 ⏚ 40A	断面積 5.5 〔mm²〕 ⏚ 2	断面積 8 〔mm²〕 ⏚ 30A 2	断面積 14 〔mm²〕 ⏚ 20A 2

第4章

機　器

機 器 1　　三相誘導電動機

交流電動機で広く用いられているのは, **かご形三相誘導電動機**である。

1. 回転数

回転数 N は, 電動機の極数 p と, 加える電圧の周波数 f で定まる。

$$回転数 N \fallingdotseq 同期速度 = \frac{120f}{p} \ [\text{min}^{-1}] ※$$

回転数は周波数に比例する。

回転数は, 負荷の増加により計算値より減少する。

回転計

2. 回転の方向

3 線のうち, いずれか 2 線を入れ換えると**逆回転**する。

 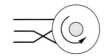 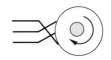

3. 全負荷電流の大きさ

全負荷電流 I_n 〔A〕 $\fallingdotseq$ **4 × 定格出力**〔kW〕　　(1〔kW〕当たり約 4〔A〕)

4. 始動

始動時に大電流が流れるので, 始動対策が必要になる。

(1)　　始動電流の大きさ：**全負荷電流の 5～7 倍**

(2)　　始動方法

①　小形では, 全電圧を直接加える「**全電圧始動**」（直入れ）による。始動電流は軽減しない。

②　中形では, **始動電流を軽減する**ために「**Y－Δ 始動法**」を用いる。

　　Y－Δ 始動器を用い, Y 結線で始動し, Δ 結線に切換えて運転する。

始動電流が全電圧始動の $\frac{1}{3}$ に軽減するが, 始動トルクも $\frac{1}{3}$ に減少する。

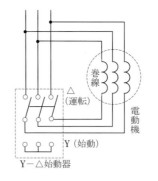

Y－Δ始動器

5. 過負荷保護装置の設置

電動機には, 加熱・燃損を防止するため, 電路に過負荷保護装置を設置する。ただし, **次の場合は設置を省略できる。**

- ・定格出力が, **0.2〔kW〕以下**である。
- ・電動機を運転中, **取扱者が監視**できる。
- ・電動機を燃損させる**過電流を生じるおそれがない。**
- ・電動機が単相用で, 接続する分岐回路が **15〔A〕ヒューズ**または **20〔A〕配線用遮断器**で保護されている。

※〔min^{-1}〕: 回転数の単位〔回/分〕

☆参　考☆

回転子の構造から, **かご形**と呼ばれる。

三相巻線の電流がつくる**回転磁界**により, 回転子にトルクが生じて回転する。（図は 2 極）

回転磁界の速度を**同期速度**という。

2〔kW〕電動機の場合,

全負荷電流 $\fallingdotseq 4 \times 2 = 8$〔A〕

始動電流 $\fallingdotseq 8 \times 6 = 48$〔A〕

接続の正誤の見分け方

Δ のとき, 三つの巻線が始動器を通して一筆書きできれば正しい。

（次ページ ***例5*** 参照）

過負荷の場合に, 自動的に電路を遮断するか, 警報を発する。モーターブレーカなどが用いられる。

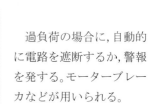

例 1　6極の三相かご形誘導電動機を周波数60〔Hz〕で使用するとき，最も近い回転速度〔min⁻¹〕は。

　　イ．600　　　ロ．1,200　　　ハ．1,800　　　ニ．3,600

答
ロ

$$N \fallingdotseq \frac{120f}{p} = \frac{120 \times 60}{6}$$

$$= 1200 \ 〔min^{-1}〕$$

例 2　三相誘導電動機が逆転した場合，その回転方向を変えるには。

　　イ．電動機の端子にコンデンサを接続する
　　ロ．3本の結線を3本とも入れ替える
　　ハ．3本の結線のうち，いずれか2本を入れ替える
　　ニ．極数の異なる電動機と取り替える

答
ハ

イ…力率が変わる
ロ…回転方向は変わらない
ニ…回転速度が変わる

例 3　定格200〔V〕，1.5〔kW〕，4極の普通かご形三相誘導電動機の全負荷電流〔A〕は，およそ。

　　イ．3～4　　　ロ．6～7　　　ハ．9～10　　　ニ．14～15

答
ロ

$I \fallingdotseq 4 \times 1.5 = 6 \ 〔A〕$

（極数とは無関係）

例 4　低圧の誘導電動機の記述で誤っているものは。

　　イ．三相普通かご形の始動電流は，全負荷電流の5～7倍程である
　　ロ．単相電動機の始動方式には，コンデンサ始動方式がある
　　ハ．負荷が増加すると回転速度も増加する
　　ニ．60〔Hz〕設計のものを50〔Hz〕で使用すると，回転数が減る

答
ハ

　負荷が増加すると，回転数はわずかに減少する

例 5　スターデルタ始動装置を有する三相誘導電動機の配線で正しいものは。

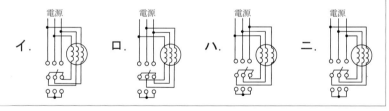

イ.　ロ.　ハ.　ニ.
（各図 上部に「電源」）

答
イ

　スイッチを電源側に入れたとき電動機の全部の巻線が一筆書きできるもの

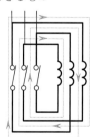

例 6　屋内に施設する低圧電動機の過負荷保護装置を省略できる条件として誤っているものは。

　　ただし，電動機の定格出力は，0.2〔kW〕を越えるもので，過負荷の警報装置はないものとする。

　　イ．電動機を耐火性のもので覆った場合
　　ロ．運転中常時取扱者が監視できる位置に施設する場合
　　ハ．電動機の負荷の性質上，過負荷となるおそれがない場合
　　ニ．単相電動機で，電源側配線用遮断器が20〔A〕以下の場合

答
イ

ロ，ハ，ニは省略条件

	問	イ	ロ	ハ	ニ
1	三相誘導電動機の特性で，誤っているものは。	トルクは周波数に比例する	トルクは電圧の2乗に比例する	回転数は周波数に比例する	Y－Δ起動法で，Y起動するときの起動電流は，Δ起動するときの$\frac{1}{3}$になる
2	低圧電動機を屋内に施設するときの施工方法で，過負荷保護装置を省略できない場合は。ただし，過負荷に対する警報装置は設置してないものとする。	電動機を運転中常時取扱者が監視できる場合	電源側電路に定格15〔A〕の過電流遮断器が設置されている電路に単相電動機を施設する場合	三相誘導電動機の定格出力が0.75〔kW〕の場合	電動機の負荷の性質上，過負荷となるおそれがない場合
3	定格200〔V〕，3.7〔kW〕の普通かご形三相誘導電動機の始動電流は，全負荷電流のおよそ何倍か。	$\sqrt{3}$	2	6	10
4	三相誘導電動機を逆回転させるときの方法として，最も適切なものは。	3本の結線を3本とも入れ替える	3本の結線のうち，いずれか2本を入れ替える	コンデンサを取り付ける	スターデルタ始動器を取り付ける
5	三相誘導電動機の始動において，じか入れ始動に対しスターデルタ始動器を用いた場合，正しいものは。	始動電流が小さくなる	始動トルクが大きくなる	始動時間が短くなる	始動時の巻線に加わる電圧が大きくなる
6	三相誘導電動機のスターデルタ始動回路として，正しいものは。ただし，⊕は三相誘導電動機，⊞はスターデルタ始動器とする。 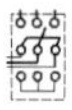	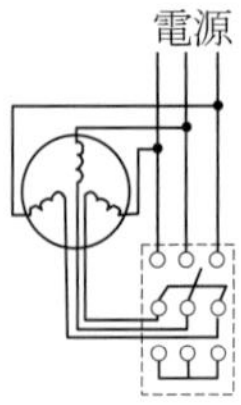	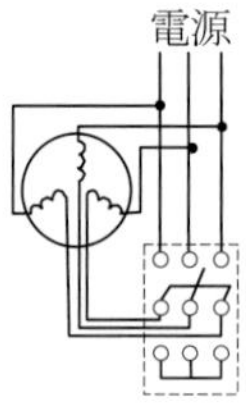	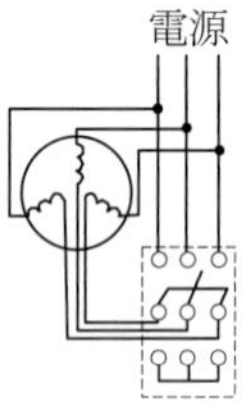	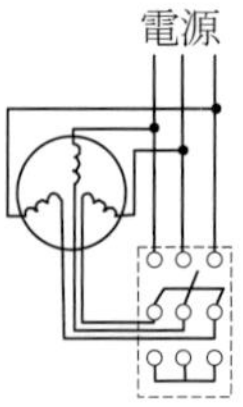
7	同一の三相誘導電動機を60〔Hz〕で無負荷運転した場合，50〔Hz〕で無負荷運転した場合に比べて，回転状態は。	回転速度は変化しない	回転しない	回転速度が減少する	回転速度が増加する

機器2　電力用コンデンサ

誘導電動機などの力率が悪い（低い）負荷には，**電力用コンデンサ（進相コンデンサ）** を接続する。

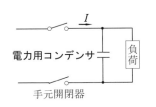

電力用コンデンサ

手元開閉器

電力用コンデンサ

目　的：**力率を改善（高く）して，線路電流を小さくする。**

接続方法：手元開閉器の負荷側に**負荷と並列**に接続する。

☆参　考☆

電熱器や電球のような電気抵抗だけの負荷は，電流が電力として 100〔%〕有効に利用される。⇒ **力率 100〔%〕**

しかし，誘導電動機などは，内部のコイルの作用で有効な電力とならない位相が遅れた無効電流が流れる。これを力率が悪いという。

コンデンサは電流の位相を進ませる作用をし，遅れ電流を打ち消して線路電流を小さくし力率を改善する（力率 100〔%〕に近づける）。

線路の電流が小さくなると，線路の電圧降下・電力損失も小さくなる。

例 1　図のように遅れ力率の負荷にコンデンサ C を設置して力率 100〔%〕に改善した。このときの電流計Ⓐの指示値はコンデンサの設置前に比べて。

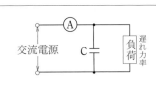

交流電源　　C　　遅れ力率負荷

イ．増加する　　ロ．減少する　　ハ．変化しない　　ニ．0になる

答　ロ　力率を改善し，電流を減少させるために設置する。

例 2　低圧三相誘導電動機と並列に電力用コンデンサを接続する目的は。

イ．電動機の振動を防ぐ

ロ．電源の周波数の変動を防ぐ

ハ．回転速度の変動を防ぐ

ニ．回路の力率を改善する

答　ニ　目的は力率改善

	問	イ	ロ	ハ	ニ
1	図のように遅れ力率の負荷にコンデンサ C を設置して力率を 100〔%〕に改善した。このときの電圧計Ⓥの指示値はコンデンサの設置前に比べて。（交流電源　C　遅れ力率負荷 Ⓥ） 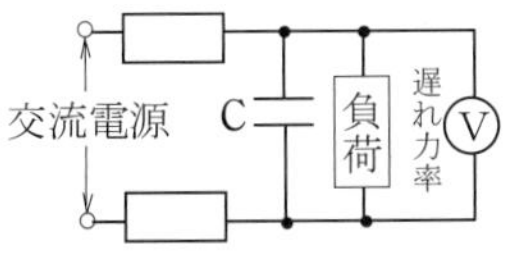	高くなる	低くなる	変わらない	電源電圧より高くなる
2	誘導電動機回路の力率を改善するために使用する低圧進相用コンデンサの取り付け場所で最も適切な方法は。	主開閉器の電源側に各台数分をまとめて電動機と並列に接続する	手元開閉器の負荷側に電動機と並列に接続する	手元開閉器の負荷側に電動機と直列に接続する	手元開閉器の電源側に電動機と並列に接続する

照 明 器 具

1. 明るさと照度
（1） 照明器具の明るさの表示
器具の発する光の量を**光束**で表示し，単位には**ルーメン**〔**lm**〕を用いる。

（2） 照明器具の効率（発光効率）
使用電力 1〔W〕あたりの明るさを〔**lm/W**〕で表し，効率が大きい器具ほどエコ照明である。

（3） 照度
光を受ける面（被照面）の明るさを**照度**で表し，
単位には**ルクス**〔**lx**〕を用いる。

照度計

2. LED 灯
半導体の発光ダイオードを使用した光源で，白熱電灯と比べて**格段に発光効率が良く**，圧倒的に寿命も長い上に，**光色も選べる**などの利点がある。力率は低い。

電球形や直管形など各種商品化され，従来の一般照明に変わる**エコ照明**として推奨されて急速に使用が進んでいる。

3. 蛍光灯
水銀灯の一種。ガラス管内に封入した水銀蒸気の電気放電により，管壁の蛍光物質が発光する。

白熱電灯に比べ，**効率がよく寿命も長い**。また，各種の光色が選べる。雑音を発する。

インバータ高周波点灯専用形の蛍光灯は，点灯管と安定器を用いる蛍光灯と比べ，**ちらつきが少ない，発光効率が高い，点灯に要する時間が短い**，などの利点がある。

4. 水銀灯
ガラス管内に水銀蒸気を封入した放電灯で，水銀蒸気の圧力により，低圧・高圧などに分類される。

青白い光色で**効率がよい**高圧水銀灯は，**街路や体育館**などに使用される。

点灯回路に用いられる安定器は，放電を安定させるものである。

5. ナトリウム灯
ガラス管内にナトリウム蒸気を封入した放電灯。

橙黄（だいだい）色の光色で，**効率が非常によい**。街路やトンネルの照明に使用される。

例 1 照度の単位は。
- イ．F
- ロ．lm
- ハ．H
- ニ．lx

答 ニ lx

例 2 蛍光灯を同じ消費電力の白熱電灯と比べた場合，正しいものは。
- イ．発光効率が高い
- ロ．雑音（電磁雑音）が少ない
- ハ．寿命が短い
- ニ．力率が良い

答 イ 発光効率が高い

例 3 点灯管を用いる蛍光灯と比較して，高周波点灯専用形の蛍光灯の特徴として，誤っているものは。
- イ．ちらつきが少ない
- ロ．発光効率が高い
- ハ．インバータが使用されている
- ニ．点灯に要する時間が長い

答 ニ 点灯に要する時間は短い

例 4 トンネル内や霧などの多い場所の照明に最も適しているものは。
- イ．ナトリウム灯
- ロ．蛍光灯
- ハ．水銀灯
- ニ．白熱灯

答 イ ナトリウム灯

	問	イ	ロ	ハ	ニ
1	水銀灯に安定器を取り付ける目的は。	放電を安定させる	力率を改善する	雑音（電波障害）を防止する	光束を増やす
2	直管 LED ランプに関する記述として，誤っているものは。	すべての蛍光灯照明器具にそのまま使用できる	同じ明るさの蛍光灯と比較して消費電力が小さい	制御装置が内蔵されているものと内蔵されていないものとがある	蛍光灯に比べて寿命が長い
3	写真に示す測定器の名称は。 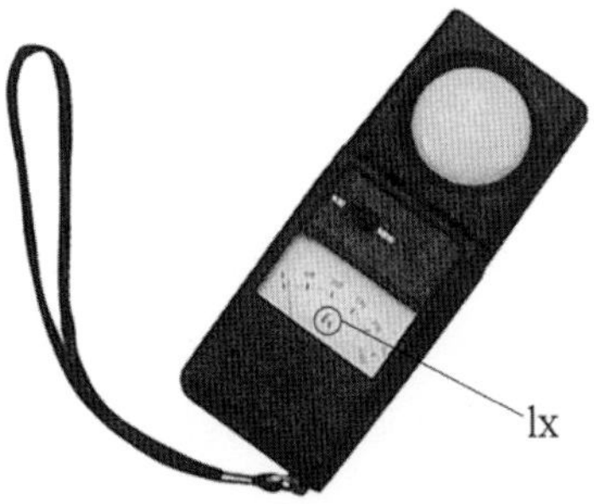 	回路計	周波数計	接地抵抗計	照度計

太陽光発電設備

図は，系統連携型の太陽電池発電設備の構成を示す。

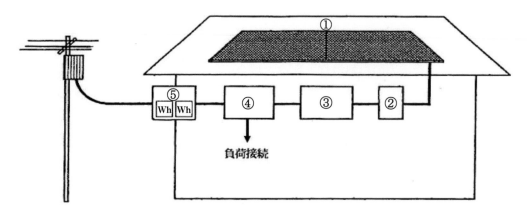

① 太陽電池パネル（太陽電池モジュール）

太陽光の**光エネルギー**を直接電気に変換する。発生する電気は**直流電力**。

② 接続箱

太陽電池からの出力をまとめ，パワーコンディショナーに送る。

③ パワーコンディショナー

太陽電池で発電した直流電力を，商用交流電力に変換する。

④ 分電盤

発電電力を，屋内外の照明やコンセント・機器に分電し送る。

⑤ 電力量計

発電電力が不足の時の電力会社からの受電電力「買い電」計と，発電電力が余った時に電気を電力会社が買い取る「売り電」計とを設置。

例1 系統連携型の太陽電池発電設備において使用される機器は。

イ．パワーコンディショナー

ロ．低圧進相コンデンサ

ハ．調光器

ニ．自動点滅器

答　パワーコンディショナー

イ

	問		
1	住宅(一般用電気工作物)に系統連系型の発電設備(出力5.5kW)を，図のように，太陽電池，パワーコンディショナー，漏電遮断器(分電盤内)，商用電源側の順に接続する場合，取り付ける漏電遮断器の種類として，**最も適切なものは。** 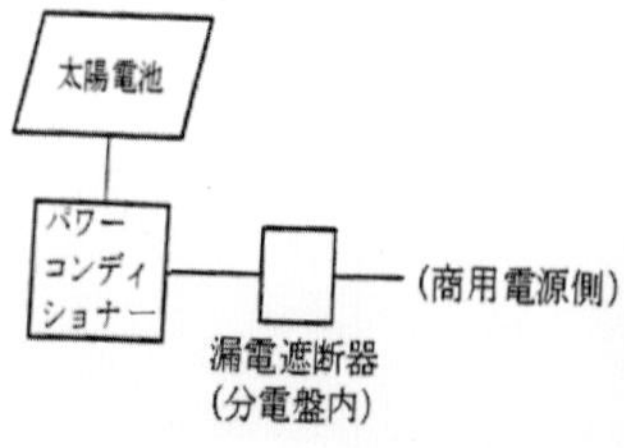 	イ	漏電遮断器 (過負荷保護なし)
		ロ	漏電遮断器 (過負荷保護付)
		ハ	漏電遮断器 (過負荷保護付高感度形)
		ニ	漏電遮断器 (過負荷保護付逆接続可能型)

第5章

施　工

施工材料

1. 金属管工事材料

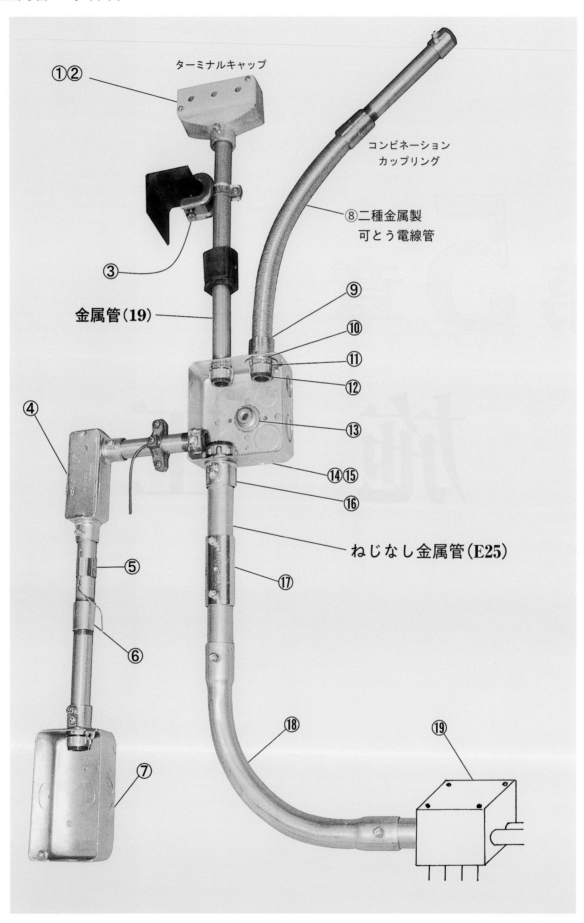

①

エントランスキャップ
電線引込管端に取り付け，雨水浸入を防止する。**垂直**の設置（**水平**に設置の**ターミナルキャップ**と同様）

②

ウェザーキャップ
管端に取り付け，雨水浸入を防止する。
（**ターミナルキャップ**と同様）

③

パイラック
金属管を鉄骨などに取り付ける。

④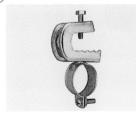

ユニバーサル
金属管相互を直角に接続する。

⑤

ラジアスクランプ
金属管に接地線を取り付ける。

⑥

カップリング
ねじをきった金属管相互の接続をする。

⑦－1

埋め込みスイッチボックス
壁内に埋め込み，スイッチ，コンセント取り付けに用いる。

⑦－2

塗り代カバー（ボックスカバー）
埋め込みボックス類の前面に取り付けて壁の仕上がり面を補う。

⑧

二種金属製可とう電線管（プリカチューブ）
自在に曲げることができる金属製電線管。

⑨

ストレートボックスコネクタ
可とう電線管とボックスを接続する。

⑩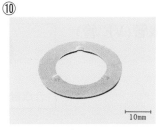

リングレジューサ
金属管とボックスを接続するとき，ノックアウト(穴)が管の径より大きい場合に用いる。

⑪

ロックナット
金属管やコネクタをボックスに固定する。

⑫

絶縁ブッシング
金属管端に取り付け，電線被覆の保護に用いる。

⑬

フィクスチュアスタッド
天井のボックス底に取り付け，重い照明器具を支持する。

⑭

アウトレットボックス
金属管配管の電線の接続や，照明器具の取り付け用に用いる。

⑯

ねじなしボックスコネクタ
ねじ切りのない金属管とボックスを接続する。止めねじをねじ切るまで締める。

ロックナット、ブッシング付
止めねじ

⑰

ねじなしカップリング
ねじ切りのない金属管相互を接続する。

⑱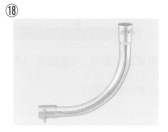

ノーマルベンド
金属管配管の直角曲げ部分に用いる。ねじ切りのあるものとないものがある。

⑲

プルボックス
多数の金属管の集合する箇所で，電線の接続や引き入れを容易にする。

⑮

コンクリートボックス
コンクリート天井に埋め込み，電線の接続や照明器具の取り付けに用いる。四角のものもある。

2. 合成樹脂管工事材料
   硬質塩化ビニル電線管(VE管)
   による工事

TSカップリング
合成樹脂管相互の接続に用いる。

スイッチボックス

アウトレットボックス

合成樹脂製

ボックスコネクタ
　合成樹脂管とボックスの接続
に用いる。

2号

3. 合成樹脂製可とう電線管工事材料

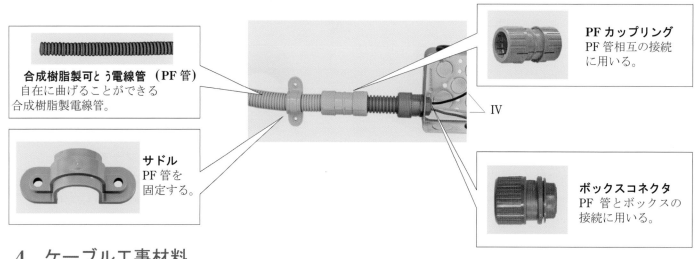

合成樹脂製可とう電線管（PF管）
自在に曲げることができる
合成樹脂製電線管。

PFカップリング
PF管相互の接続
に用いる。

サドル
PF管を
固定する。

IV

ボックスコネクタ
PF管とボックスの
接続に用いる。

4. ケーブル工事材料

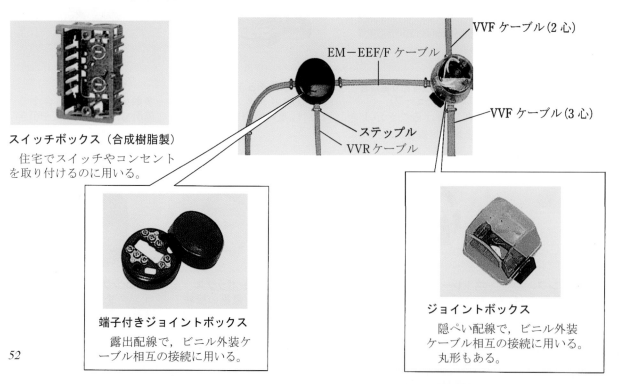

スイッチボックス（合成樹脂製）
　住宅でスイッチやコンセント
を取り付けるのに用いる。

EM－EEF/Fケーブル

VVFケーブル(2心)

ステップル
VVRケーブル

VVFケーブル(3心)

端子付きジョイントボックス
　露出配線で，ビニル外装ケ
ーブル相互の接続に用いる。

ジョイントボックス
　隠ぺい配線で，ビニル外装
ケーブル相互の接続に用いる。
丸形もある。

5. ダクト工事・線ぴ工事材料

フロアダクト…コンクリート床内に埋め込み，電線を収める。

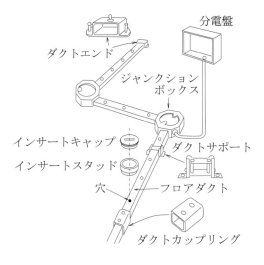

ダクトエンド
分電盤
ジャンクションボックス
インサートキャップ
インサートスタッド
穴
フロアダクト
ダクトサポート
ダクトカップリング

インサートキャップ
フロアダクトのインサート（穴）のふた。

フロアダクト(F)
コンクリート床内に布設する方形の電線管。

ジャンクションボックス
フロアダクトの交差接続に用い，電線の接続などを行う。

ダクトサポート
フロアダクトを床面に固定する。

金属ダクト…ビルなどで幹線の絶縁電線を収める。

金属ダクト

金属線ぴ…絶縁電線を収める。

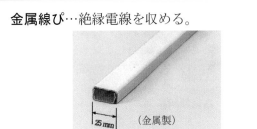

25 mm （金属製）

ライティングダクト…商店などで照明器具を自由に移動させる。開口部を下向きに施設する。

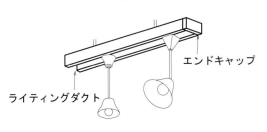

ライティングダクト
エンドキャップ

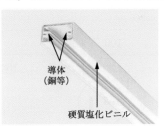

導体（銅等）
硬質塩化ビニル

6. 電線接続材料

リングスリーブ（圧着スリーブ）による圧着接続
差込み形コネクタによる接続 ｝ ボックス内での接続に用いる。

圧着端子，銅管端子…電線端末に取り付け，器具端子に接続する。

圧着接続又はハンダ付

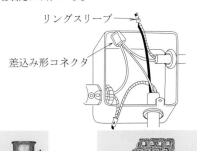

リングスリーブ
差込み形コネクタ

圧着端子

銅管端子

小　中
リングスリーブ（圧着スリーブ）

差込み形コネクタ

7. 遮断器

テストボタンが
ついている。

配線用遮断器（ノーヒューズブレーカ）
電路に施設し，電路の開
閉を行うと同時に，過電
流が流れたとき自動的
に電路を遮断する。

漏電遮断器
電路に施設し，電路に
漏電による地気を生じ
るとき，自動的に電路
を遮断する。

モータブレーカ
電動機電路に施設し，
電動機に過負荷を生じる
とき自動的に電路を遮断
し保護する。

漏電火災警報器
電路に施設し，電路に
漏電を生じたとき自動
的に警報を発して火災
に至るのを防止する。

8. 開閉器

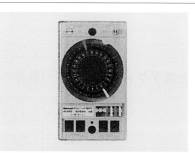

箱形開閉器
電動機などの手元開閉器として用
いる。

電磁開閉器
電動機の操作用開閉器として用い
る。押しボタンスイッチで操作する。

タイムスイッチ
設定した時間に電灯を自動的に点
滅するスイッチとして用いる。

9. コンセント

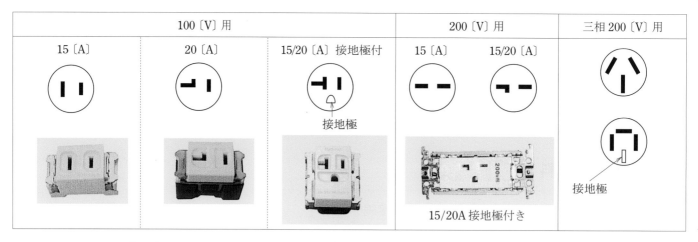

100 〔V〕用			200 〔V〕用		三相 200 〔V〕用
15 〔A〕	20 〔A〕	15/20 〔A〕接地極付	15 〔A〕	15/20 〔A〕	

接地極

15/20A 接地極付き

接地極

フロアーコンセント

床　付

防 雨 形

接地極接地端子付

露 出 形

2 口

・屋外での使用 ⇨ 防水形

・接地の必要な機器使用 ⇨ 接地極付き，接地端子付き

10. 点滅器関連

単極用　　3路用　　4路用

タンブラスイッチ（埋込形）

隠ぺい配線でボックスに取り付ける。

表示灯（パイロットランプ）

点滅器の状態・位置を表示

表示灯内蔵点滅器

3路（4路）点滅回路

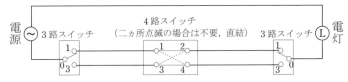

電源　3路スイッチ　4路スイッチ（二ヵ所点滅の場合は不要，直結）　3路スイッチ　電灯

3路スイッチ　電灯を二ヵ所で点滅させる。

4路スイッチ　電灯を三ヵ所以上で点滅させるとき，
3路スイッチと併用する。

位置表示灯

PL は異時点灯

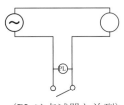

（PL は点滅器と並列）

確認表示灯

PL は電灯と同時点灯

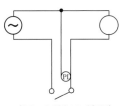

（PL は電灯と並列）

ペンダントスイッチ

コードの末端に取り付ける。

キャノピスイッチ

電灯器具フランジ内に取り付け，ひもで点滅する。

プルスイッチ

壁面に取り付け，ひもで電灯を点滅する。

自動点滅器

屋外灯用。
明るさで，
自動点滅
する。

11. リモコン照明関連材料（P.114 配線図・図記号参照）

リモコン点滅回路は，照明主回路に設けたリレー接点を，小電流の操作電流で開閉して，照明電流を on・off する。

多数照明，大電流照明，遠隔点滅などに用いる。

【照明1回路のリモコン点滅】

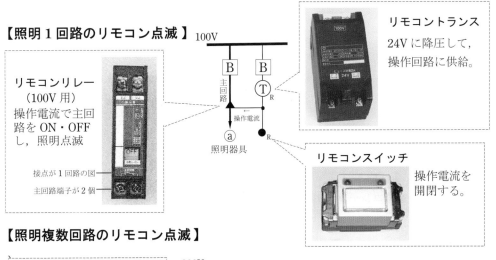

リモコンリレー
（100V 用）

操作電流で主回路を ON・OFF し，照明点滅

接点が1回路の図
主回路端子が2個

リモコントランス

24V に降圧して，操作回路に供給。

リモコンスイッチ

操作電流を
開閉する。

参考

100V

主回路　リモコントランス

操作回路

リモコンリレー

電灯

リモコンスイッチ

【照明複数回路のリモコン点滅】

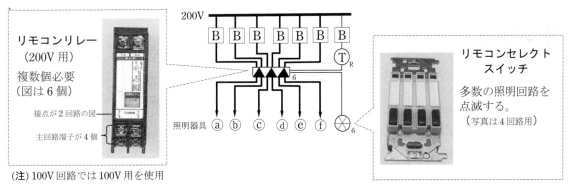

リモコンリレー
（200V 用）

複数個必要
（図は6個）

接点が2回路の図
主回路端子が4個

照明器具 ⓐ ⓑ ⓒ ⓓ ⓔ ⓕ

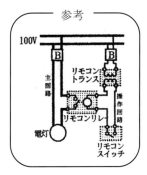

リモコンセレクト
スイッチ

多数の照明回路を
点滅する。
（写真は4回路用）

(注) 100V回路では100V用を使用

55

12. 照明器具関連

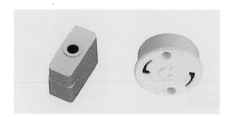

引掛けシーリングローゼット
天井に取り付け，照明器具を引き下げる器具。

防爆形照明器具
爆発性や可燃性の危険を有する場所で使用する照明器具。

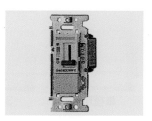

調 光 器
照明器具の明るさを連続的に調節する。

蛍光灯用安定器
蛍光灯の放電を安定させる。

線付き防水ソケット
雨水のかかる屋外で電球を取り付ける。

13. ネオンサイン関連材料

ネオントランス（ネオン変圧器）
ネオン管灯を放電させる高圧を生ずる変圧器。

チューブサポート
ネオン工事で，ネオン管を支持する。

コードサポート
ネオン工事で，ネオン電線を支持するがいし。

14. その他

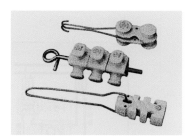

引き込みがいし（平形がいし）
引き込み用ビニル絶縁電線（DV）を引き留めるのに用いる。

低圧進相コンデンサ（電力用コンデンサ）
誘導電動機などの力率の低い負荷に取り付け力率を改善する。

温度ヒューズ
電気器具内に取り付けられ，周囲温度が規定以上になると溶断して電気回路を遮断する。

カールプラグ
コンクリートのドリル穴に埋め込み，木ねじで，ボックスやサドルなどを取り付ける。

ケーブルラック
建物の造営材に取り付け，多数のケーブルを配線する。

例1 リングレジューサの目的は。

イ．両方とも回すことのできない金属管相互を接続するときに使用する。
ロ．金属管相互を直角に接続するときに使用する。
ハ．金属管の管端に取り付け，引き出す電線の被覆を保護するときに使用する。
ニ．ボックスのノックアウトの径が，金属管の外径より大きいときに使用する。

答　ニ
ノックアウトの径が，金属管外径より大きいときに使用する

例2 アウトレットボックス内での電線接続に，使用されないものは。

イ．差込形コネクタ　　　　　ロ．ねじ込み形コネクタ
ハ．カールプラグ　　　　　　ニ．リングスリーブ

答　ハ
カールプラグは，木ねじをコンクリートにねじ込むときに使用

例3 低圧屋内配線において，電灯 (CL) を二ヵ所で点滅させる回路は。
ただし，3路スイッチは で表す。

イ． 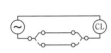　ロ． 　ハ． 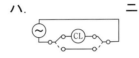　ニ．

答　イ
3路点滅回路で，両スイッチの1-1，3-3間は直結される

例4 コンセントの，使用電圧と刃受の形状の組合せで，誤っているものは。

単相100〔V〕　　単相200〔V〕　　三相200〔V〕　　単相200〔V〕

イ． 　ロ． 　ハ． 　ニ．

答　ニ
ニ．は三相200〔V〕用

例5 写真に示す器具の○で囲まれた部分名称は。

イ．電磁接触器
ロ．漏電遮断器
ハ．熱動継電器
ニ．漏電警報器

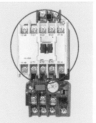

答　イ
写真は，○部分の電磁接触器とサーマルリレーを組合せた電磁開閉器で，電動機運転の開閉器として用いる。

例6 写真に示す材料の名称は。

イ．圧着端子
ロ．リングスリーブ
ハ．圧縮スリーブ
ニ．差込形コネクタ

答　ニ
差込形コネクタ。
600〔V〕絶縁電線相互をボックス内で接続する。

例7 写真の矢印で示す材料の名称は。

イ．ケーブルラック
ロ．金属ダクト
ハ．セルラダクト
ニ．フロアダクト

答　イ
ケーブルラック。
建物の造営材に取り付け，多数のケーブルを配線する。

	問	イ	ロ	ハ	ニ
1	金属管をボックスに接続する場合，ノックアウトの径が大きすぎるときに使用するものは。	リングレジューサ	フィクスチュアスタッド	ユニオンカップリング	ターミナルキャップ
2	プルボックスの主な使用目的は。	多数の金属管が集合する場所で，電線の引き入れを容易にする	多数の開閉器類を集合して設置する	金属管工事で，点検できない隠ぺい場所での電線を接続する	天井に比較的重い照明器具を取り付ける
3	図に示す 4 路スイッチの動作として，正しいものは。 電源側 ─○1 2○─ 負荷側 　　　─○3 4○─ 4 路スイッチ（裏）	1−3, 2−4 の開閉	1−2, 3−4 の開閉	1−3, 2−4 と1−2, 3−4 の切替	1−2, 3−4 と1−4, 3−2 の切替
4	低圧電路で，短絡電流を自動的に遮断できないものは。	タンブラスイッチ	配線用遮断器	過電流素子付漏電遮断器	電動機用ブレーカ
5	金属管相互又は金属管とボックス類とを電気的に接続するために，金属管にボンド線を取り付けるのに使用するものは。	カールプラグ	接地金具（ラジアスクランプ）	ユニオンカップリング	ターミナルキャップ
6	金属管工事においてブッシングを使用する主な目的は。	金属管を造営材に固定させるため。	電線の被覆を損傷させないため。	金属管相互を接続するため。	電線の接続を容易にするため。
7	1 つの電灯を 3 箇所のいずれの場所からでも点滅できるようにしたい。必要なスイッチの組み合わせで，正しいものは。	3 路スイッチ	単極スイッチ3 個	4 路スイッチ2 個単極スイッチ1 個	3 路スイッチ2 個4 路スイッチ1 個
8	金属管工事のボックス内で電線を接続する材料として適切なものは。	インサートキャップ	差込み形コネクタ	パイラック	カールプラグ
9	接地極付差込プラグの接地極の刃が他の刃に比べて長くしてある理由で，最も適当なものは。	接地極が抜けないように固定させるため	接地線を取り付ける部分があるため	接地極と他の刃とを見わけやすくするため	差し込むとき，接地極を他の刃より先に接触させ，抜くときは他の刃より遅く開路させるため
10	金属管工事に使用される「ねじなしボックスコネクタ」に関する記述として，誤っているものは。	ボンド線を接続するための接地用の端子がある	ねじなし電線管と金属製アウトレットボックスを接続するのに用いる	ねじなし配線管との接続は止めネジを回して，ネジの頭部をねじ切らないように締め付ける	絶縁ブッシングを取り付けて使用する

問	イ	ロ	ハ	ニ
11 住宅で使用する電気食器洗い機に用いるコンセントに，最も適しているものは。	接地端子付コンセント	抜け止め形コンセント	接地極付接地端子付コンセント	引掛形コンセント
12 金属管工事で，管の端口の雨水浸入防止に用いるものは。	サービスエルボ	エンド	ユニバーサルキャップ	エントランスキャップ
13 低圧屋内電路を過電流から保護できないものは。	過電流素子付き漏電遮断器	カバー付きナイフスイッチ（フューズ付き）	カットアウトスイッチ（フューズ付き）	プルスイッチ
14 低圧屋内配線のスイッチの使用方法で，誤っているものは。	電灯器具にプルスイッチを使用	コード末端にペンダントスイッチを使用	電灯器具フランジにキャノピスイッチを使用	低圧三相3線式回路の開閉器として，3路スイッチを使用
15 アウトレットボックス（金属製）の使用方法として，不適切なものは。	金属管工事で管が屈曲する場所等で電線の引き入れを容易にするのに用いる。	配線用遮断器を集合して設置するのに用いる。	金属管工事で電線相互を接続する部分に用いる。	照明器具などを取り付ける部分で電線を引き出す場合に用いる。
16 合成樹脂管工事に使用される2号コネクタの使用目的は。	硬質ポリ塩化ビニル電線管相互を接続するのに用いる。	硬質ポリ塩化ビニル電線管をアウトレットボックス等に接続するのに用いる。	硬質ポリ塩化ビニル電線管の管端を保護するのに用いる。	硬質ポリ塩化ビニル電線管と合成樹脂製可とう電線管とを接続するのに用いる。
17 コンセントの，使用電圧と刃受の極配置との組合せとして，誤っているものは。 ただし，コンセントの定格電流は15〔A〕とする。	単相200〔V〕	単相100〔V〕	単相100〔V〕	単相200〔V〕
18 図に示す雨線外に施設する金属管工事の末端Ⓐ又はⒷ部分に使用するものとして，不適切なものは。 金属管 金属管 Ⓐ Ⓑ 金属管 垂直配管 水平配管	Ⓐ部分にエントランスキャップを使用した	Ⓐ部分にターミナルキャップを使用した	Ⓑ部分にエントランスキャップを使用した	Ⓑ部分にターミナルキャップを使用した

	問	答
1	写真に示す材料の名称は。 	イ．合成樹脂製線ぴ ロ．硬質塩化ビニル電線管 ハ．2種金属製可とう電線管 ニ．合成樹脂製可とう管
2	写真に示す材料の名称は。 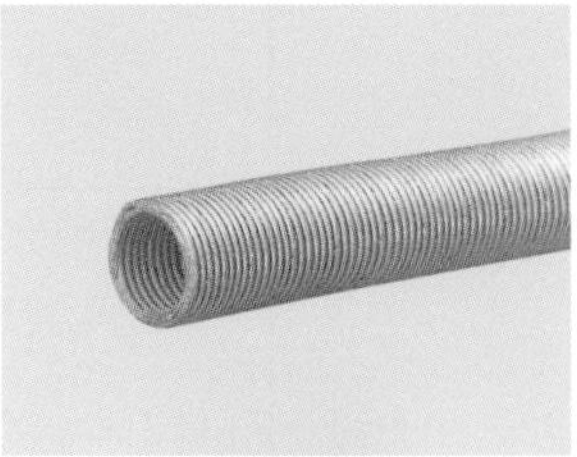	イ．合成樹脂線ぴ ロ．硬質塩化ビニル電線管 ハ．合成樹脂製可とう電線管 ニ．金属製可とう電線管
3	写真に示す機器の名称は。 	イ．低圧進相コンデンサ ロ．ネオントランス ハ．限流ヒューズ ニ．水銀灯用安定器
4	写真に示す器具の名称は。 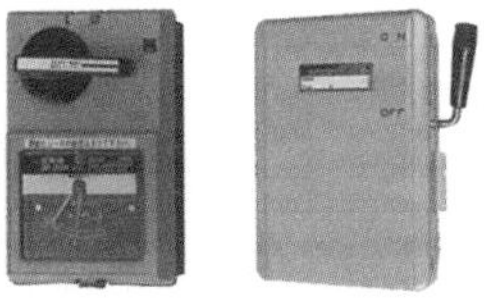	イ．箱開閉器 ロ．電磁開閉器 ハ．カバー付ナイフスイッチ ニ．スターデルタ始動器
5	写真に示す器具の用途は。 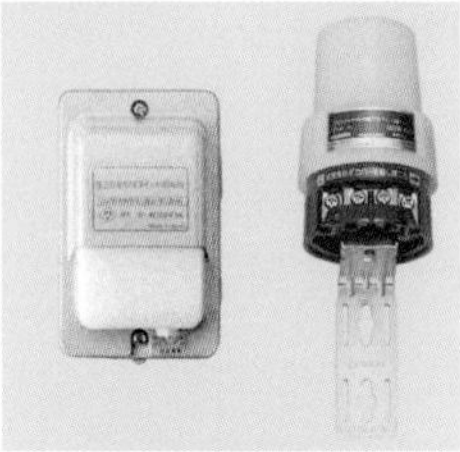	イ．白熱電灯の明るさを調節するのに用いる。 ロ．人の接近による自動点滅に用いる。 ハ．蛍光灯の力率改善に用いる。 ニ．街路灯などの自動点滅に用いる。
6	写真に示す材料の用途は。 	イ．金属管端に取り付け，コンクリートの浸入を防止する。 ロ．リングレジューサにねじ込んで使用する。 ハ．インサートスタッドにねじ込んで使用する。 ニ．ボックスのノックアウト穴をふさぐのに使用する。
7	写真に示す器具の名称は。 	イ．引掛シーリング（ボディ） ロ．ユニバーサル ハ．コードコネクタ ニ．ねじ込みローゼット
8	写真に示す器具の名称は 	イ．銅線用裸圧着端子 ロ．銅管端子 ハ．銅線用裸圧着スリーブ ニ．ねじ込み形コネクタ

	問	答
9	写真に示す材料の名称は。 なお，材料の表面には「タイシガイセン EM600V　EEF/F 1.6mm JIS JET 〈PS〉E ○○社タイネン 2014」が記されている。 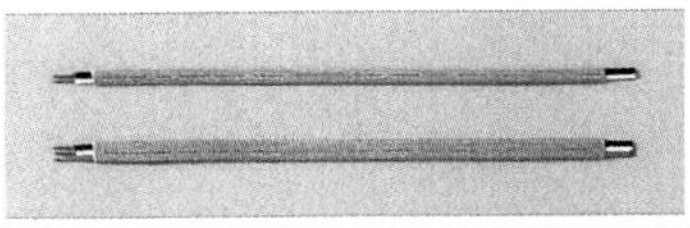	イ．無機絶縁ケーブル ロ．600V ビニル絶縁ビニルシースケーブル平形 ハ．600V 架橋ポリエチレン絶縁ビニルシースケーブル ニ．600V ポリエチレン絶縁耐燃ポリエチレンシースケーブル平形
10	写真に示す器具の名称は。 	イ．漏電遮断器 ロ．カットアウトスイッチ ハ．配線用遮断器 ニ．電磁接触器
11	写真に示す機器の名称は。 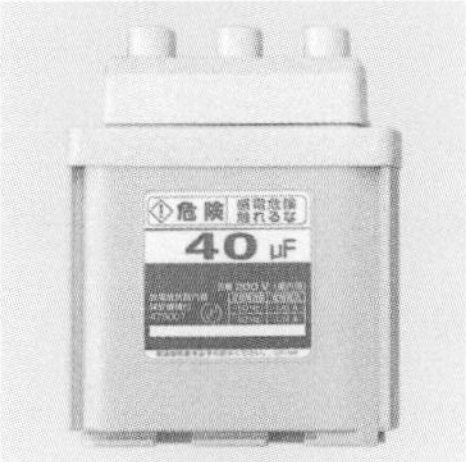	イ．蛍光灯用安定器 ロ．低圧進相コンデンサ ハ．ネオントランス ニ．水銀灯用安定器
12	写真に示す材料の用途は。 	イ．ショウウインドウの配線に用いる。 ロ．ネオン管の支持に用いる。 ハ．湿気の多い場所の配線に用いる。 ニ．ネオン電線の支持に用いる。
13	写真に示す材料の用途は。 	イ．金属管のねじを切らないで金属管相互を接続するのに用いる。 ロ．金属管とボックスを接続するのに用いる。 ハ．金属管にねじを切って金属管相互を接続するのに用いる。 ニ．合成樹脂管相互を接続するのに用いる。
14	写真に示す材料の名称は。 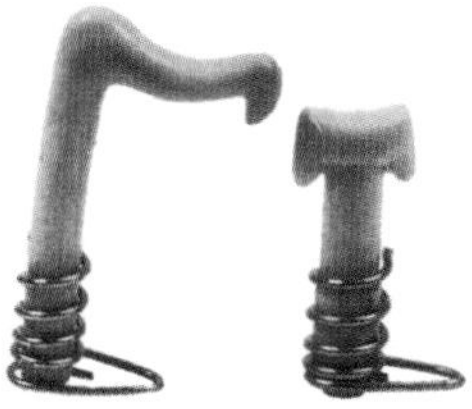	イ．インサートスタッド ロ．ターミナルキャップ ハ．チューブサポート ニ．低圧ピンがいし
15	写真に示す器具の用途は。 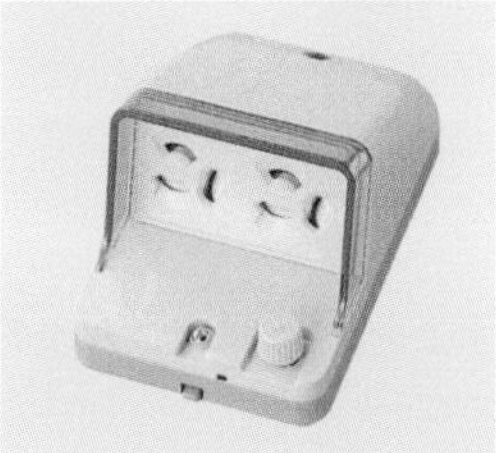	イ．粉じんの多発する場所のコンセントとして用いる。 ロ．屋外のコードコネクタとして用いる。 ハ．爆発の危険性がある場所のコンセントとして用いる。 ニ．雨水のかかる場所のコンセントとして用いる。
16	写真に示す材料の用途は。 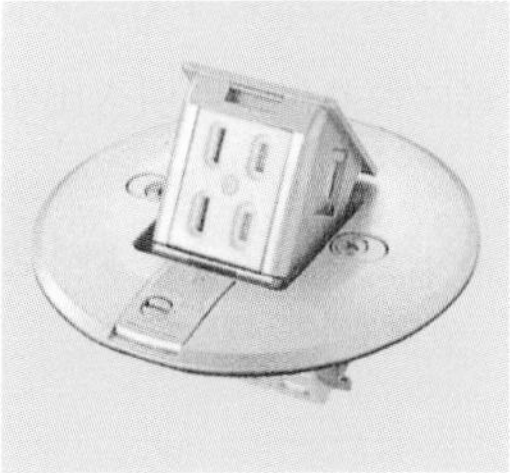	イ．爆発性粉じんの多い場所に施設するコンセントとして用いる。 ロ．事務所などの床面に施設するコンセントとして用いる。 ハ．住宅の壁面に施設する接地極付きコンセントとして用いる。 ニ．水気の多い場所に施設するコンセントとして用いる。

	問	答
17	写真に示す器具の名称は。 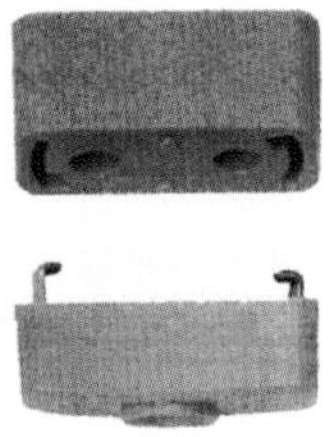	イ．引掛シーリングローゼット ロ．ユニバーサル ハ．コードコネクタ ニ．ねじ込みローゼット
18	写真に示す材料の用途は。 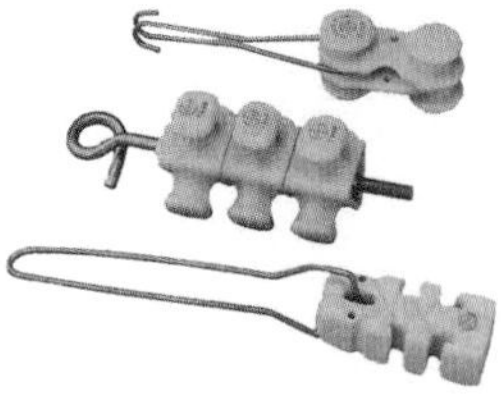	イ．架空電線を分岐するのに用いる。 ロ．屋外用ビニル絶縁電線（OW）を引き留めるのに用いる。 ハ．引込用ビニル絶縁電線（DV）を引き留めるのに用いる。 ニ．屋内のがいし引き工事で電線を支持するのに用いる。
19	写真に示す器具の用途は。 	イ．リモコン配線の単相小形変圧器として用いる。 ロ．リモコン配線のスイッチとして用いる。 ハ．リモコン配線のリレーとして用いる。 ニ．リモコン用の調光スイッチとして用いる。
20	写真に示す品物の名称は。 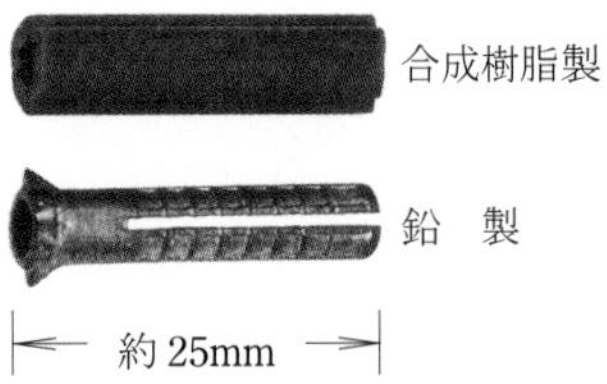 合成樹脂製 鉛　製 ←　約25mm　→	イ．ラジアスクランプ ロ．カールプラグ ハ．スリーブ ニ．アンカーボルト
21	写真に示す品物の名称は。 	イ．コンクリートボックス ロ．アウトレットボックス ハ．スイッチボックス ニ．露出用ボックス
22	写真に示す品物の名称は。 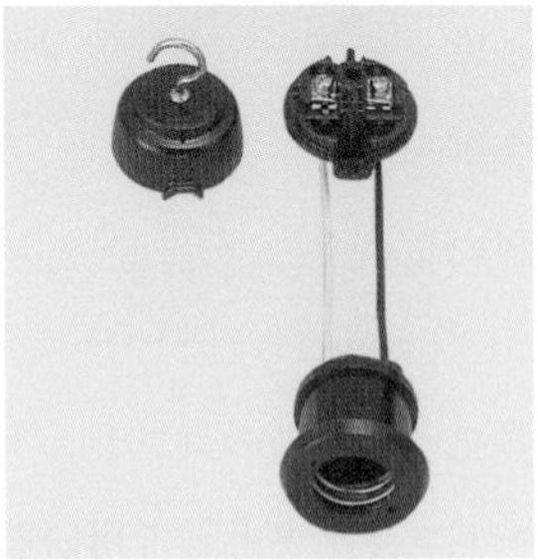	イ．キーソケット ロ．線付防水ソケット ハ．プルソケット ニ．ランプレセプタクル
23	写真に示す材料の使用目的は。 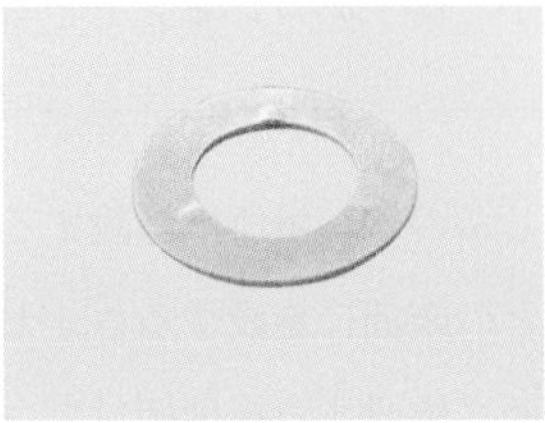	イ．両方とも回すことができない金属管相互を接続するために使用する。 ロ．金属管相互を直角に接続するために使用する。 ハ．金属管の管端に取り付け，引き出す電線の被覆を保護するために使用する。 ニ．アウトレットボックス（金属製）と，そのノックアウトの径より外径の小さい金属管とを接続するために使用する。

	問	答
24	写真に示す品物の名称は。 	イ．バスダクト ロ．ライティングダクト ハ．セルラダクト ニ．フロアダクト
25	写真に示す材料の名称は。 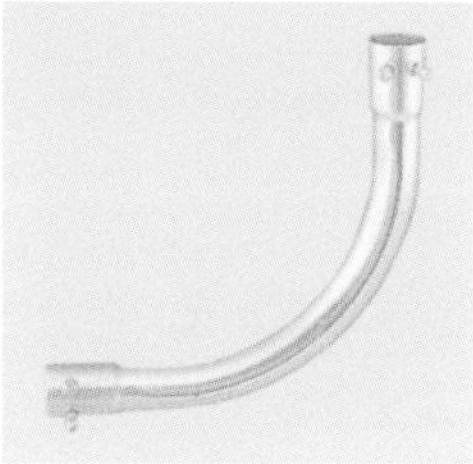	イ．ベンダ ロ．ノーマルベンド ハ．ユニバーサル ニ．カップリング
26	写真に示す品物の名称は。 	イ．接地金具（ラジアスクランプ） ロ．接地ブッシング ハ．ストラップ ニ．電線管支持金具（パイラック）
27	写真に示す材料の用途は。 	イ．VVF ケーブルを接続する箇所に用いる。 ロ．スイッチやコンセントを取り付けるのに用いる。 ハ．合成樹脂管工事において電線を接続する箇所に用いる。 ニ．天井からコードを吊り下げるときに用いる。
28	写真に示す品物の用途は。 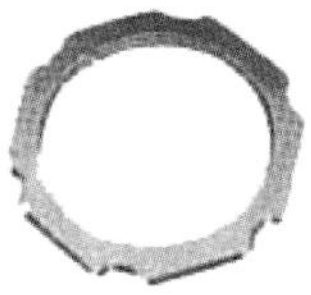	イ．金属管の管端に取り付け，絶縁電線の被覆保護等のために用いる。 ロ．フロアダクト配線のインサートキャップの固定用として用いる。 ハ．金属管とボックスとの接続で，ボックスの締付けに用いる。 ニ．スイッチボックスと合成樹脂管の接続で中継ナットとして用いる。
29	写真に示す器具の用途は。 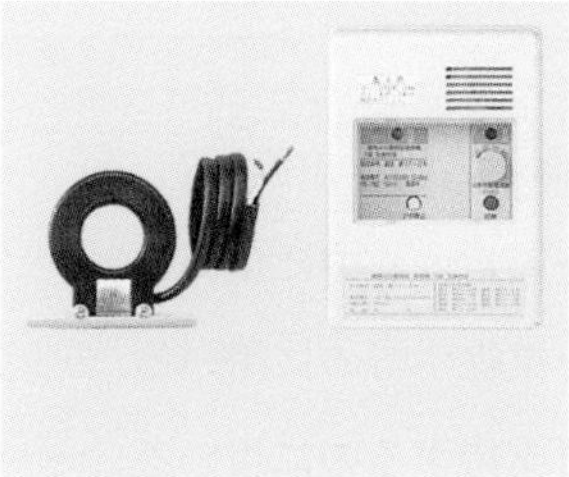	イ．地路電流を検出し，回路を遮断するのに用いる。 ロ．過電圧を検出し，回路を遮断するのに用いる。 ハ．地路電流を検出し，警報を発するのに用いる。 ニ．過電流を検出し，警報を発するのに用いる。
30	写真に示す器具の用途は。 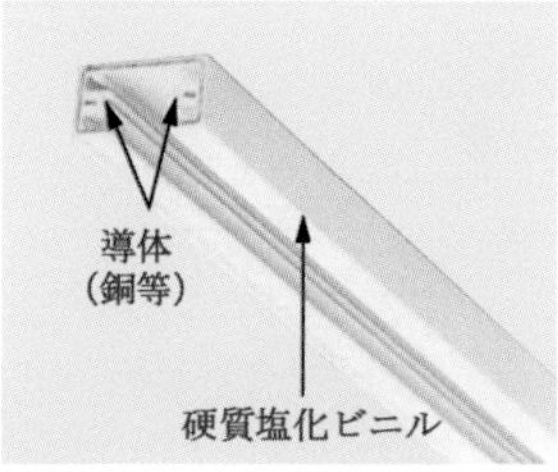	イ．床下等の湿気の多い場所の配線器具として用いる。 ロ．店舗などで照明器具等を任意の位置で使用する場合に用いる。 ハ．フロアダクトとの分電盤の接続器具に用いる。 ニ．容量の大きな幹線用配線材料として用いる。

画像内ラベル（問30）: 導体（銅等）／硬質塩化ビニル

	問	答
31	写真に示す器具の名称は。	 イ．漏電警報器 ロ．電磁開閉器 ハ．漏電遮断器 ニ．配線用遮断器(電動機保護兼用)
32	写真に示す品物の名称は。	 イ．ジャンクションボックス ロ．サービスエルボ ハ．端子付ジョイントボックス ニ．丸形露出ボックス
33	写真に示す品物の用途は。	 イ．リモコンリレー操作用のスイッチとして用いる。 ロ．リモコン配線の単相小型変圧器として用いる。 ハ．リモコン配線のリレーとして用いる。 ニ．リモコン用の調光スイッチとして用いる。
34	写真に示す品物の用途は。	 イ．可とう電線管を固定するのに使用する。 ロ．VVF ケーブルを固定するのに使用する。 ハ．フロアダクトを固定するのに使用する。 ニ．金属管を固定するのに使用する。
35	 写真に示す材料の用途は。 (合成樹脂製)	イ．フロアダクトが交差する箇所に用いる。 ロ．多数の遮断器を集合して設置するために用いる。 ハ．多数の金属管が集合する箇所に用いる。 ニ．住宅でスイッチやコンセントを取り付けるのに用いる。
36	写真に示す材料の用途は。	 イ．PF 管を支持するのに用いる。 ロ．照明器具を固定するのに用いる。 ハ．ケーブルを束線するのに用いる。 ニ．金属線ぴを支持するのに用いる。
37	写真に示す器具の名称は。	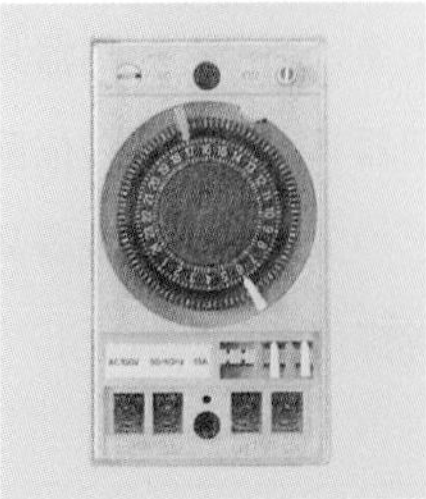 イ．タイムスイッチ ロ．調光器 ハ．電力量計 ニ．自動点滅器

	問	答
38	写真に示す品物の名称は。 	イ．ぬりしろカバー ロ．インサートキャップ ハ．連用取付け枠 ニ．フィクスチュアスタッド
39	写真に示す材料の用途は。 	イ．金属管工事で直角に曲がる箇所に用いる。 ロ．屋外の金属管の端に取り付けて雨水の浸入を防ぐのに用いる。 ハ．金属管をボックスに接続するのに用いる。 ニ．金属管を鉄骨等に固定するのに用いる。
40	写真に示す材料の名称は。 	イ．フィクスチュアスタッド ロ．インサートスタッド ハ．ストレートボックスコネクタ ニ．エントランスキャップ
41	写真に示す材料の用途は。 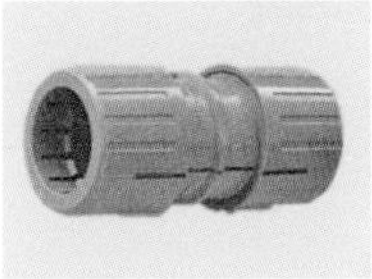	イ．硬質塩化ビニル電線管相互を接続するのに用いる。 ロ．鋼製電線管と合成樹脂製可とう電線管とを接続するのに用いる。 ハ．合成樹脂製可とう電線管相互を接続するのに用いる。 ニ．合成樹脂製可とう電線管と硬質塩化ビニル電線管とを接続するのに用いる。
42	写真に示す材料の用途は。 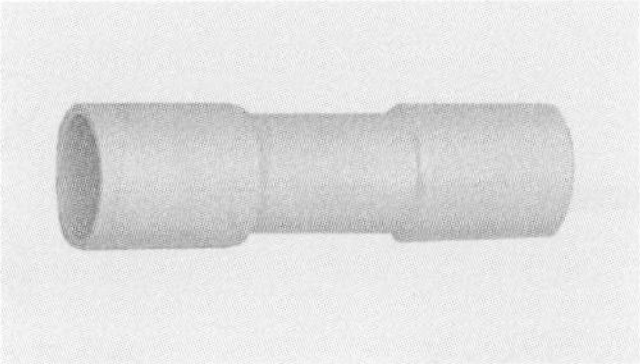	イ．合成樹脂管相互を接続するのに用いる。 ロ．金属管と合成樹脂管を接続するのに用いる。 ハ．合成樹脂性可とう管相互を接続するのに用いる。 ニ．合成樹脂製可とう管とCD管とを接続するのに用いる。
43	写真に示す材料の用途は。 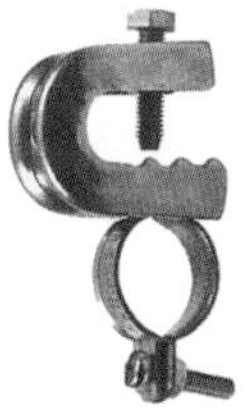	イ．金属管工事で金属管と接地線との接続に用いる。 ロ．金属管のねじ切りに用いる。 ハ．金属管を鉄骨等に固定するのに用いる。 ニ．金属管を接続するのに用いる。
44	写真に示す品物の用途は。 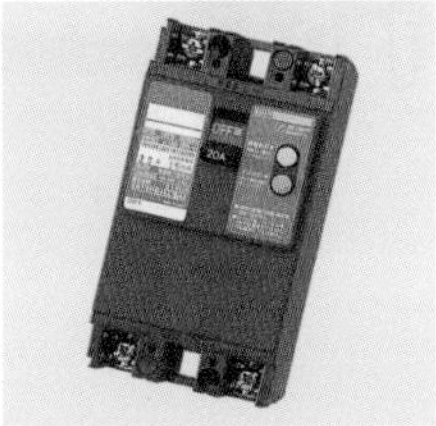	イ．漏れ電流を検出し，回路を遮断するのに用いる。 ロ．三相誘導電動機の回路を開閉するのに用いる。 ハ．漏れ電流を検出し，警報を発するのに用いる。 ニ．過電流を検出し，警報を発するのに用いる。

1. 金属管工事用工具

切 断 パイプバイスで金属管を固定し，**パイプカッタ**，金切りのこ，または**高速切断機**により切断する。

パイプバイス
金きりのこ
パイプカッタ
歯に注油

高速切断機

パイプバイス

パイプカッタ

面取り やすりで管の切り口の外面を取る。

(注) 切り口の角を取り，まくれやバリをなくすことを「面を取る」という。

やすり

ねじ切り ねじ切り器で金属管にねじを切る。
（ねじ切りに先立ち，歯に**注油**。）
（ねじなし金属管工事では不要）

ねじ切り器　　パイプ　　歯に注油

ダイス（ねじ切り器の歯）

ねじ切り器

面取り リーマ＋クリックボールで，管の切り口の内面を取る。

リーマ
クリックボール

リーマ

クリックボール

曲 げ パイプベンダ（ヒッキー）を用いて管を曲げる。

パイプベンダ
パイプ

パイプベンダ

油圧式パイプベンダ

（穴空け） **ホールソー**，**ノックアクトパンチ**を用いて，ボックスや鉄板に穴をあける。（普通，スイッチボックス等には穴があいているので，**この作業は不要**）

ホールソー

油圧式ノックアウトパンチ

接 続 管と管，管とボックスの接続は，**パイプレンチ**で管を，**プライヤ**でロックナットを回す。

パイプレンチ

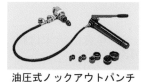

プライヤ

固 定 コンクリート壁には，**ドリル**で穴あけし，カールプラグ・木ねじ・サドルで固定。

カールプラグ　木ねじ
サドル

ドリル

入 線 **呼線挿入器**で電線を管に入線する。

電線　呼線
パイプ

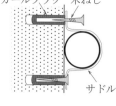

呼線挿入器

2. 合成樹脂管工事用工具

| 切　断 | 合成樹脂管カッタまたは金切りのこで管を切断する。 |

合成樹脂管カッタ

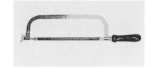
金切りのこ

| 面取り | 面取り器で切り口の面を取る。 |

面取り器

| 曲　げ | 管をトーチランプで加熱し曲げる。 |

硬質ビニル管

トーチランプ

| 接　続 | ウェス(布)で汚れを拭き取り，接着剤を塗ってTSカップリング挿入。 |

3. 一般工具

電線切断・被覆はぎ取り

ボルトクリッパ
太い電線や鉄線を切断する。

ケーブルカッタ
ケーブルを切断する。

ワイヤストリッパ
絶縁電線の被覆をはぎ取る。

ケーブルストリッパ
VVFケーブルの被覆をはぎ取る。

電線接続

リングスリーブ
黄色
圧着工具(リングスリーブ用)
リング(圧着)スリーブにより電線接続する。

油圧式圧着機
太い電線8mm^{2}以上を圧着接続する。

赤色
圧着工具
(圧着端子用)
圧着端子に電線を結線する。

4. その他工具各種

墜落制止用器具
高所作業時に墜落防止に用いる。

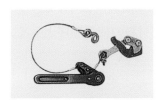
シメラー(張線器)
架空電線の張線に用いる。

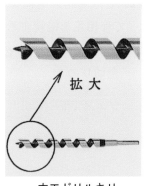
拡大
木工ドリルキリ
木造部分に穴をあける

タップセット
金属板の穴にねじ溝を切る。

ディスクグラインダ
鉄板や金属管などの面取作業

例1 写真に示す工具の用途は。

イ．金属管の切断や，ねじを切る際の固定に用いる。

ロ．コンクリート壁に電線管用の穴を開けるのに
　　用いる。

ハ．電線管に電線を通線するのに用いる。

ニ．硬質塩化ビニル電線管の曲げ加工に用いる。

答
ニ
VE 管の曲げ加工に
用いる。

例2 写真に示す工具の使用目的は。

イ．太い電線を切断する。

ロ．ロックナットを切断する。

ハ．VVF ケーブルの外装や絶縁被覆をはぎ取る。

ニ．リングスリーブにより電線相互を接続する。

答
ハ
ケーブルストリッパ(右)
とワイヤストリッパ(左)
は歯の形状が異なる。

例3 写真に示す○印の部分の品物の名称は。

イ．ダイス

ロ．リングレジューサ

ハ．タップ

ニ．ロックナット

答
イ
ダイス
ねじ切り器の歯。
　金属管のねじ切りに
使用する。

例4 金属管の曲げ加工に使用する工具は。

イ．パイプベンダ　　　　　　　　ロ．圧着ペンチ

ハ．ノックアウトパンチ　　　　　ニ．ジャッキ

答
イ
パイプベンダで曲げる

例5 ノックアウト用パンチと同じ目的で使用する工具は。

イ．リーマ　　　ロ．ホールソ　　　ハ．クリッパ　　　ニ．ベンダ

答
ロ
ボックスや鉄板の穴
空けに使用

例6 合成樹脂製電線管を切断し，その切断箇所に TS カップリングを使用し
　　て管相互を接続する場合，工具及び材料の使用順序として，適切なものは。

イ．	ロ．	ハ．	ニ．
金切りのこ	金切りのこ	金切りのこ	金切りのこ
⇩	⇩	⇩	⇩
ウェス（布）	接着剤	面取器	面取器
⇩	⇩	⇩	⇩
接着剤	TS カップリング 挿入	TS カップリング 挿入	ウェス（布）
⇩	⇩	⇩	⇩
面取器	面取器	接着剤	接着剤
⇩	⇩	⇩	⇩
TS カップリング 挿入	ウェス（布）	ウェス（布）	TS カップリング 挿入

答
ニ
金切りのこで切断
⇩
面取り器で面取り
⇩
ウエスで汚れ拭き取り
⇩
接着剤を塗る
⇩
TS カップリング挿入

	問	答
1	写真に示す工具の名称は。 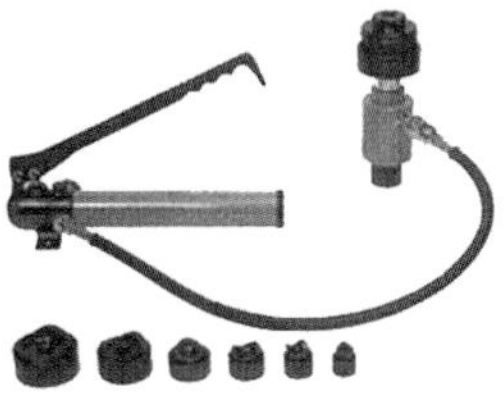	イ．油圧式パイプベンダ ロ．ジャンピング ハ．パイプバイス ニ．油圧式ノックアウトパンチ
2	写真に示す工具の用途は。 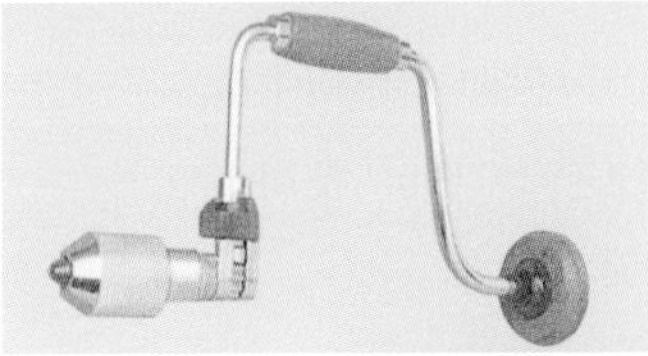	イ．ホルソと組み合わせて，コンクリートに穴をあけるのに用いる。 ロ．リーマと組み合わせて，金属管の面取りに用いる。 ハ．羽根ぎりと組み合わせて，鉄板に穴をあけるのに用いる。 ニ．合成樹脂管用面取器と組み合わせて，鉄板のバリを取るのに用いる。
3	写真に示す工具の用途は。 	イ．各種金属板の穴あけに使用する。 ロ．金属管にねじを切るのに用いる。 ハ．硬質塩化ビニル電線管の管端部の面取りに使用する。 ニ．木材の穴あけに用いる。
4	写真に示す工具の名称は。 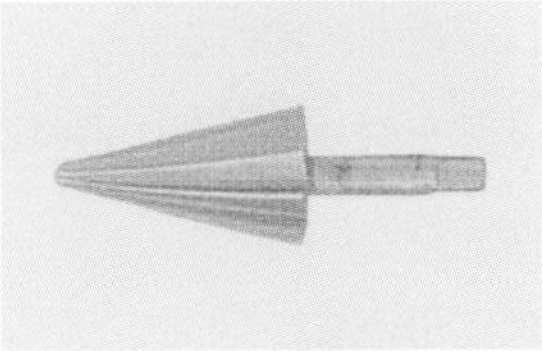	イ．バーリングリーマ（リーマ） ロ．ジャンピング ハ．クリックボール ニ．パイプカッタ
5	写真に示す工具の用途は。 	イ．太い電線管を曲げるのに使用する。 ロ．配電盤に穴をあけるのに使用する。 ハ．大理石の研磨に使用する。 ニ．鋼材を切断するのに使用する。
6	写真に示す工具の用途は。 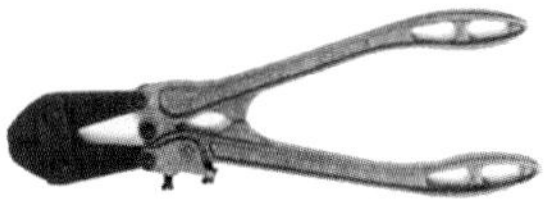	イ．電線管を切断するのに使用する。 ロ．電線を圧着するのに使用する。 ハ．メッセンジャワイヤ，電線等の切断に使用する。 ニ．電線管を曲げるのに使用する。
7	写真に示す工具の用途は。 	イ．C形圧縮端子の圧縮接続に使用する。 ロ．圧着端子の圧着に使用する。 ハ．電線・ケーブル等の切断に使用する。 ニ．銅バー等の穴あけに使用する。
8	写真に示す品物の名称は。 	イ．パイプカッタ ロ．パイプレンチ ハ．パイプベンダ ニ．パイプバイス

	問	答
9	写真に示す工具の用途は。 	イ．金属管切り口の面取りに使用する。 ロ．鉄板，各種合金板の穴あけに使用する。 ハ．木柱の穴あけに使用する。 ニ．コンクリート壁の穴あけに使用する。
10	写真に示す工具の用途は。 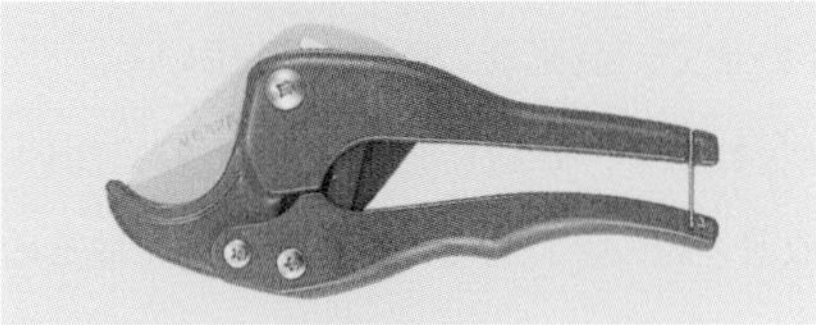	イ．金属管の切断に使用する。 ロ．ライティングダクトの切断に使用する。 ハ．硬質塩化ビニル電線管の切断に使用する。 ニ．金属線ぴの切断に使用する。
11	写真に示す工具の用途は。 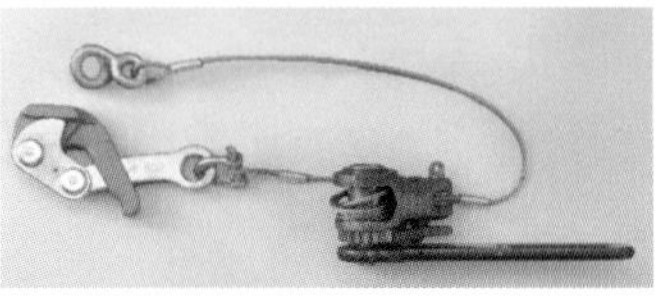	イ．太い電線管を曲げてくせをつけるのに用いる。 ロ．施工時の電線管の回転等すべり止めに用いる。 ハ．電線の支持用（支線）として用いる。 ニ．架空線のたるみを調整するのに用いる。
12	写真に示す品物の用途は。 	イ．電線被覆のはぎ取りに用いる。 ロ．電線管のバリ等を取り除くのに用いる。 ハ．電線管を切断するのに用いる。 ニ．木台の穴あけに用いる。
13	写真に示す品物の名称は。  約 105mm	イ．ドリル ロ．ホルソ ハ．羽根ぎり ニ．リーマ
14	写真に示す品物の用途は。 	イ．太い電線管を曲げるのに用いる。 ロ．配電盤に穴をあけるのに用いる。 ハ．太い電線管を切断するのに用いる。 ニ．鋼材を切断するのに用いる。
15	写真に示す品物の名称は。 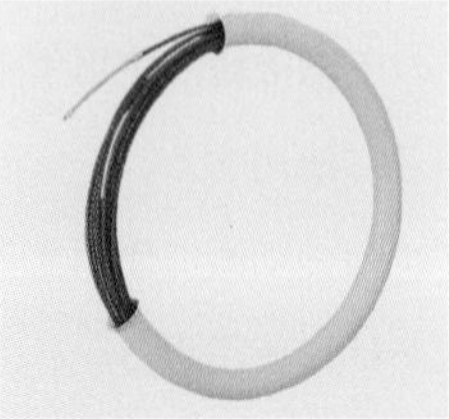	イ．呼線挿入器 ロ．巻線ドラム ハ．巻尺 ニ．シメラー
16	写真に示す品物の用途は。 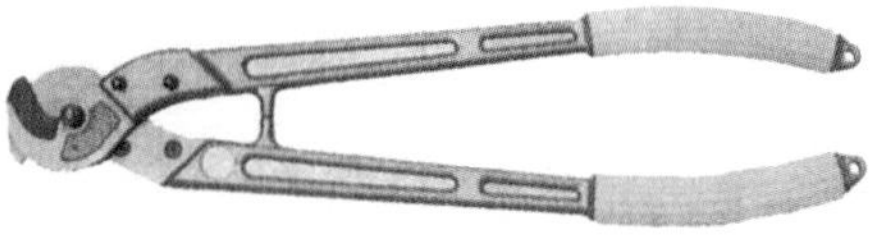	イ．合成樹脂管の切断に用いる。 ロ．金属管の切断に用いる。 ハ．金属管のねじ切りに用いる。 ニ．ケーブルあるいは太い電線の切断に用いる。

	問	答
17	写真に示す品物の名称は。 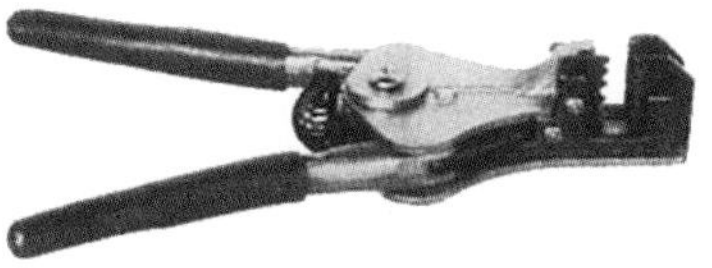	イ．ニッパ ロ．クリッパ ハ．ワイヤストリッパ ニ．塩ビカッタ
18	写真に示す品物の名称は。 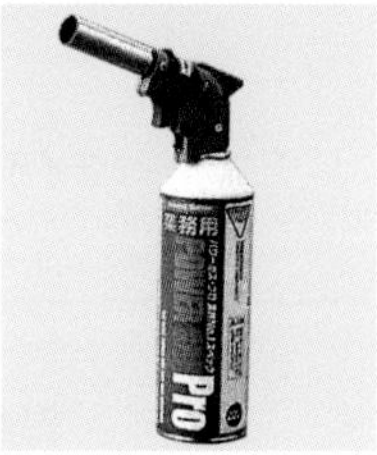	イ．パイプバイス ロ．ノックアウトパンチャ ハ．リングレジューサ ニ．ガストーチランプ
19	写真に示す品物の用途は。 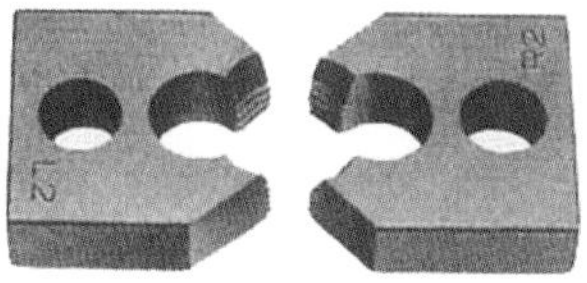	イ．油圧圧縮器の圧縮ダイスとして用いる。 ロ．金属管のねじ切りに用いる。 ハ．金属管を切断するのに用いる。 ニ．金属管の面取りをするのに用いる。
20	写真に示す品物の用途は。 	イ．架空線のたるみを適当に取るために用いる。 ロ．電線管の施工時に管の回転等滑り止めに用いる。 ハ．高所作業時に墜落防止のために用いる。 ニ．電柱上に機材をつり上げるのに用いる。
21	写真に示す工具の主な用途は。 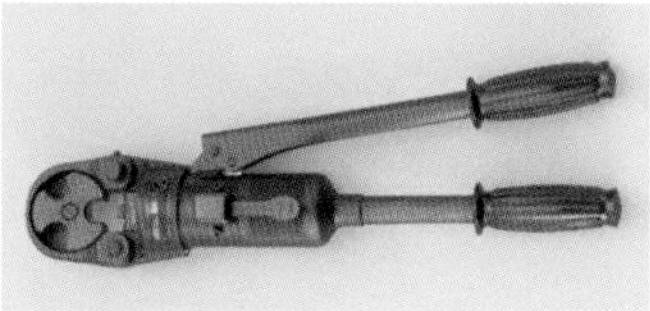	イ．金属管の切断に用いる。 ロ．太い電線の圧着接続に用いる。 ハ．金属板の穴あけに用いる。 ニ．金属管のねじ切りに用いる。
22	写真に示す材料の名称は。 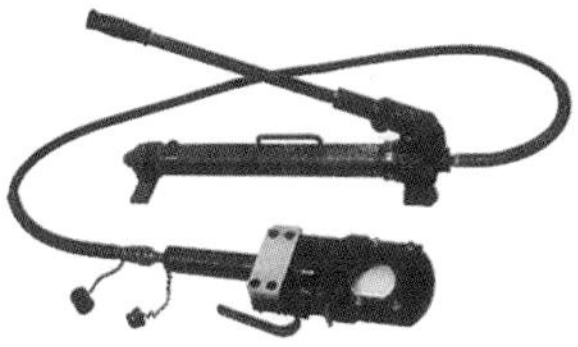	イ．手動油圧式圧着器 ロ．手動油圧式圧縮器 ハ．手動油圧式ベンダ ニ．手動油圧式カッタ
23	写真に示す材料の名称は。 	イ．ホルソ ロ．ノックアウトパンチャ ハ．コードレスドリル ニ．パイプカッタ
24	写真に示す材料の用途は。 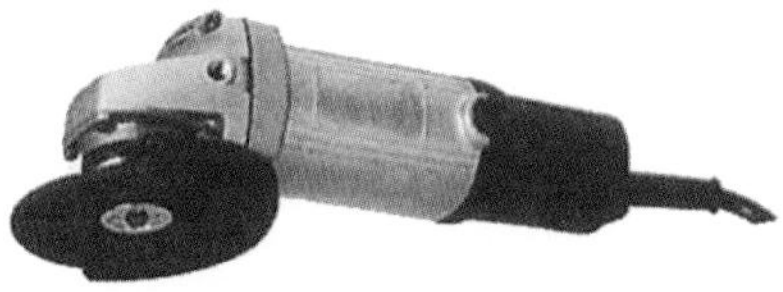	イ．太い電線管を曲げるのに使用する。 ロ．配線盤に穴を開けるのに使用する。 ハ．鉄板等のバリ取り仕上げに使用する。 ニ．電動機の回転速度を測定するのに使用する。

	問	イ	ロ	ハ	ニ
25	ラジアスクランプの締付けに使用する工具は。	ウォータポンプ プライヤ	圧着ペンチ	パイプレンチ	モンキーレンチ
26	電気工事用の材料と使用する工具の組合せで，不適当なものは。	平形ビニル 外装ケーブル 圧着ペンチ	金属管 パイプレンチ	絶縁電線 ワイヤストリッパ	合成樹脂管 パイプベンダ
27	コンクリート壁に金属管を取り付けるときに用いる材料，工具の組合せで，正しいものは。	ハンマ ジャンピング ボルトクリッパ パイラック	ハンマ コンクリート釘 カールプラグ パイラック	振動ドリル コンクリート釘 サドル 木ねじ	振動ドリル カールプラグ サドル 木ねじ
28	手動油圧式ノックアウト用パンチの使用で，正しいものは。	金属製キャビネット等に電線管用の穴を開ける場合に使用する	コンクリート壁に露出配管する場合にカールプラグの押し込みに使用する	電線と圧着端子を圧着接続するのに使用する	コンクリート壁に穴を開ける場合に使用する
29	パイプバイスで固定した金属管の切断後のねじ切り作業で，使用する次の工具の使用順序として最も適切なものは。	平形やすり ↓ 油さし ↓ ねじ切り器 ↓ リーマ	平形やすり ↓ ねじ切り器 ↓ リーマ ↓ 油さし	ねじ切り器 ↓ リーマ ↓ 平形やすり ↓ 油さし	ねじ切り器 ↓ 油さし ↓ リーマ ↓ 平形やすり
30	電気工事における材料Aと工具Bとの組み合わせで適切なものは。	A プルボックス B ノックアウト パンチ	A 圧着端子 B 金切のこ	A ボルト形 コネクタ B 圧着ペンチ	A フロアダクト B パイプベンダ
31	硬質ビニル管の切断及び曲げ作業に使用する工具の組み合わせとして適切なものは。	金切りのこ 面取器 パイプベンダ	金切りのこ パイプベンダ ねじ切り器	金切りのこ 面取器 トーチランプ	クリッパ ペンチ パイプバイス
32	金属管の切断及び曲げ作業に使用する工具の組み合わせとして適切なものは。	やすり パイプレンチ パイプベンダ	リーマ 面取器 トーチランプ	やすり 金切りのこ トーチランプ	やすり 金切りのこ パイプベンダ

	問	イ	ロ	ハ	ニ
33	電気工事の作業と使用工具との組合せで, 誤っているものは。	金属製キャビネットに穴をあける作業 ノックアウトパンチ	木造天井板に電線貫通用の穴をあける作業 羽根ぎり	金属製電線管を切断する作業 プリカナイフ	硬質ビニル管相互を接続する作業 トーチランプ
34	電気工事の作業と使用工具との組合せで, 正しいものは。	合成樹脂管工事 パイプレンチ	合成樹脂線ぴ工事 リード型ねじ切り器	金属管工事 パイプベンダ	金属線ぴ工事 ボルトクリッパ

各種工事の施工場所の制限

低圧屋内配線は，施設場所により工事方法に制限がある。

各種工事の施設できる場所

○ : 施工できる
△ : 乾燥場所に施工できる。湿気・水気のある場所は施工不可

	展開した場所（露出した場所）点検できる隠ぺい場所	点検できない隠ぺい場所	危険物のある場所	
			可燃性粉じん 石油 マッチ	爆燃性粉じん 可燃性ガス
ケーブル工事 金属管工事 二種金属製可とう電線管工事	○	○	一般ケーブルは防護装置に収める ○	○
合成樹脂管工事	○	○	○ （CD管を除く）	
がいし引き工事	○			
線ぴ工事 金属ダクト工事 ライティングダクト工事	△			
フロアダクト工事		△		

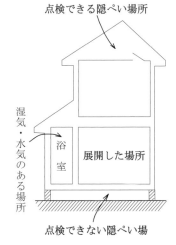

⇐ すべての場所に施工できる。

点検できる隠ぺい場所

湿気・水気のある場所

浴室

展開した場所

点検できない隠ぺい場

例1 湿気の多い場所の低圧屋内配線工事で不適当なものは。

イ．ビニル外装ケーブル工事 　　ロ．二種金属製可とう電線管工事

ハ．金属管工事 　　ニ．合成樹脂線ぴ工事

答 ニ　イ，ロ，ハ：すべての場所で施工可。
ニ：湿気・水気があると施工不可。

例2 100〔V〕の屋内配線の施設場所による工事の種類で，正しいものは。

イ．点検できない隠ぺい場所であって，乾燥した場所の金属線ぴ工事

ロ．点検できる隠ぺい場所であって，乾燥した場所のライティングダクト工事

ハ．点検できる隠ぺい場所であって，湿気の多い場所の金属ダクト工事

ニ．点検できる隠ぺい場所であって，湿気の多い場所の合成樹脂線ぴ工事

答 ロ　イ：線ぴ工事は点検できる乾燥場所に施工する。
ハ ニ：ダクト工事と線ぴ工事は，乾燥した場所に施工できる。

例3 合成樹脂管工事が施工できない場所は。

イ．一般住宅の露出場所 　　ロ．広告灯に至る屋側配線部分

ハ．事務所内の点検できない隠ぺい場所 　　ニ．爆燃性粉じんの多い場所

答 ニ　爆燃性危険物のある場所では使えない

	問	イ	ロ	ハ	ニ
1	100〔V〕の屋内配線の施設場所による工事の種類で,誤っているものは。	点検できない隠ぺい場所であって乾燥した場所に,フロアダクト工事により施工する	点検できない隠ぺい場所であって湿気の多い場所に,合成樹脂管工事により施工する	展開した場所であって湿気の多い場所に,がいし引き工事により施工する	点検できる隠ぺい場所であって湿気の多い場所に,合成樹脂線ぴ工事により施工する
2	低圧屋内配線において,湿気の多い場所で行ってはならない工事は。	がいし引き露出工事	金属管工事	ケーブル工事	金属ダクト工事
3	乾燥した点検できない隠ぺい場所の低圧屋内配線工事の種類で,適切なものは。	金属ダクト工事	バスダクト工事	合成樹脂管工事	がいし引き工事
4	工事場所と低圧屋内配線工事との組合せで,不適切なものは。	プロパンガスを他の小さな容器に小分けする場所。合成樹脂管工事	小麦粉をふるい分けする粉じんのある場所。厚鋼電線管を使用した金属管工事	石油を貯蔵する場所。厚鋼電線管で保護した600Vビニル絶縁ビニルシースケーブルを用いたケーブル工事	自動車修理工場の吹き付け塗装作業を行う場所。厚鋼電線管を使用した金属管工事
5	可燃性粉じんが存在し,電気工作物が点火源となり爆発するおそれがある場所の低圧屋内配線として,施工できない工事は。	合成樹脂管工事	金属管工事	ケーブル工事	金属線ぴ工事
6	石油類を貯蔵する場所における低圧屋内配線の工事方法で,誤っているものは。	損傷を受けるおそれがないように施設した合成樹脂管工事(CD管を除く)	薄鋼電線管を使用した金属管工事	MIケーブルを使用したケーブル工事	フロアダクト工事

各種工事の施工方法　I

	ケーブル工事	金属管工事	合成樹脂管工事	ダクト工事	がいし引き工事
支持点間の距離 L	水平：**2〔m〕**以下 キャブタイヤケーブルは 1〔m〕以下 鉛直：**6〔m〕**以下	**2〔m〕**以下	**1.5〔m〕**以下	**3〔m〕**以下 ライティングダクトの場合， **2〔m〕**以下	**2〔m〕**以下 ネオン管灯回路は 1〔m〕以下
曲げ半径 R	ケーブル外径の**6倍**以上	管内径の**6倍**以上			
水道管・ガス管・弱電流電線との距離 ℓ	直接接触しない				
内部での電線接続	内部で電線の接続をしてはならない ダクトで，電線を分岐する場合，接続点が点検できるときは可。				
電線の収納方法	・**1回路の電線は同一管に** ※1 ・**弱電流電線と同一管は不可**				
コンクリート埋め込み	・電線管に入れて埋め込む ・MI，CB を直接埋め込む	管厚 1.2〔mm〕以上	CD 管はコンクリート埋込専用		
木造家屋の真壁埋め込み	直接埋め込む	管厚 1〔mm〕以上			
メタルラス壁，造営材の貫通	メタルラスを切り開き，絶縁管をはめて貫通する	 メタルラス／金属管／ケーブル／絶縁管／メタルラスを切り開く		ライティングダクトは造営材の貫通不可	
その他		薄鋼電線管に入線できる最大電線本数 管径 / 太さ / 19mm 1.6mm — 3本 2.0mm — 3本	管の接続（さし込み深さ） 管の外径 D 接着なし $L \geqq 1.2D$ 接着あり $L \geqq 0.8D$	ライティングダクトは下向きに施設する。	

※1
3φ3W 電源 — 三相用負荷／単相用負荷

使用電線の制限

屋内配線工事一般	**1.6〔mm〕**以上の屋内用又は引込み用電線 **1〔mm²〕**以上の MI ケーブル （注）**屋外用 OW は使用できない**
電 線 管 工 事	より線の絶縁電線，または **1.6～3.2〔mm〕**単線
地 中 埋 設 工 事	ケーブル
移 動 用 電 線 ※2 ショーウインド配線	キャブタイヤケーブル **0.75〔mm²〕**以上のコード
電球や電熱器等発熱体の配線	ビニル絶縁電線は使用できない

※2　**移動用電線**とは，電気器具に使用されている電源コードのように，造営物（建物など）に固定しないで使う電線をいう。

例 1 ケーブル工事による低圧屋内配線で，ケーブルと水道管とが接近する場合，電気設備の技術基準に定める制限で，正しいものは。

イ．接触しないよう施設しなければならない　ロ．接触してもよい

ハ．6〔cm〕以上離さなければならない　　　ニ．12〔cm〕以上離さなければならない

答　イ　　接触しない

例 2 600〔V〕ビニル外装ケーブルを造営材の側面に沿って水平方向に取り付ける場合の支持点間の最大距離〔m〕は。

イ．1.0　　　　　ロ．1.5　　　　　ハ．2.0　　　　　ニ．2.5

答　ハ　　2〔m〕以下

例 3 低圧屋内配線工事を金属管工事により施設するとき，正しいものは。

イ．三相3線式200〔V〕回路で，電線3本を別々の管に収める

ロ．管の太さに余裕があるので，管内に接続点を設け，かつ，接地工事を施す

ハ．電線に屋外用ビニル絶縁電線を使用する

ニ．管の長さが8〔m〕なので，直径3.2〔mm〕の600〔V〕ビニル絶縁電線（銅）を使用する

答　ニ　　イ：3本を同一管に収める　ロ：管内の接続点は不可　ハ：屋外用は不可

例 4 ボックス間の距離が約20〔m〕の金属管工事で，太さ2.0〔mm〕の600〔V〕ビニル絶縁電線3本を引き入れる場合，薄鋼電線管の最少太さ〔mm〕は。

イ．19　　　　　ロ．25　　　　　ハ．31　　　　　ニ．39

答　イ　　19〔mm〕

例 5 合成樹脂管工事による施工で誤っているものは。

イ．管の曲げ半径を管の内径の6倍にした

ロ．管に絶縁性があるので管内で電線を接続した

ハ．管相互の接続に接着剤を使用し，管のさし込みの深さを外径の1倍とした

ニ．管の支持点間の距離を1.2〔m〕とした

答　ロ　　管内の電線接続は不可

例 6 木造造営物でワイヤラス張り部分の低圧屋内配線工事として正しいものは。

イ．D種接地工事を施した金属管工事で貫通させた

ロ．がいし引き工事の電線を貫通する電線ごとに金属管で保護した

ハ．ワイヤラス部分を十分に切り開き，可とう電線管工事で貫通させた

ニ．ワイヤラスを十分に切り開き，VVFケーブルを耐久性のある絶縁管で保護し貫通させた

答　ニ　　イ，ロ，ハは，絶縁管の保護が必要

例 7 長さ10〔m〕の金属管工事に使用できる600〔V〕ビニル絶縁電線（軟銅）の単線の最大太さ〔mm〕は。

イ．2.0　　　　　ロ．2.6　　　　　ハ．3.2　　　　　ニ．4.0

答　ハ　　使用できるのは1.6〜3.2〔mm〕

例 8 金属線ぴ工事に使用できない電線は。

イ．OW　　　　　ロ．IV　　　　　ハ．HIV　　　　　ニ．DV

答　イ　　屋内工事にOWは不可

例 9 屋外で使用電圧300〔V〕以下の移動電線として一般に使用されているものは。

イ．MIケーブル　　ロ．キャブタイヤケーブル　　ハ．鉛被ケーブル　　ニ．ビニル外装ケーブル

答　ロ　　キャブタイヤケーブル

例 10 屋内に施設する使用電圧が300〔V〕以下の器具に付属する移動電線として，ビニルコードが使用できる電気器具は。

イ．電気アイロン　　ロ．蛍光灯スタンド　　ハ．電気コンロ　　ニ．電気トースター

答　ロ　　ビニルコードは，電熱器具，電球コードとして使用できない。

	問	イ	ロ	ハ	ニ
1	乾燥した場所における 200〔V〕の配線をケーブル工事によって施工した場合，誤っているものは。	公称断面積 14〔mm²〕のキャブタイヤケーブル相互を直接接続した	ビニル外装ケーブルを木造家屋の大壁の空どう部分に配線した	キャブタイヤケーブルを造営材の側面に 1.5〔m〕間隔で支持した	ビニル外装ケーブルを曲げる場合，曲げ部分の内側半径をケーブル外径の 6 倍とした
2	低圧配線工事で，ビニル外装ケーブルを直接施設してはならない場所は。 ただし，臨時配線を除く。	木造家屋の床下	木造家屋の上壁の中	モルタル壁の屋側部分	コンクリートの壁の中
3	ケーブルを人が触れるおそれがない場所において垂直に取り付ける場合，電線の支持点間の距離〔m〕の最大値は。	1.5	2	3	6
4	600V ビニル外装ケーブルを用いた工事で，正しいものは。	造営材に沿って垂直方向に施設し，その支持点間の距離を7〔m〕とした	電線被覆を損傷させないように屈曲部の内側の半径をケーブル外径の 8 倍に曲げた	平屋建のコンクリートの壁の中に直接埋設した（臨時配線工事の場合を除く）	電話線と同一の合成樹脂管に施設した
5	低圧屋内配線の工事方法として，不適切なものは。	可とう電線管工事で，より線（絶縁電線）を用いて，管内に接続部分を設けないで収めた	ライティングダクト工事で，ダクトの開口部を上に向けて施設した	フロアダクト工事で，電線を分岐する場合，接続部分に十分な絶縁被覆を施し，かつ，接続部分を容易に点検できるようにして接続箱（ジャンクションボックス）に収めた	金属ダクト工事で，電線を分岐する場合，接続部分に十分な絶縁被覆を施し，かつ，接続部分を容易に点検できるようにしてダクトに収めた
6	木造住宅の低圧屋内配線を金属管工事で行う場合，誤っているものは。	ボックス内で電線相互をスリーブを用いて圧着接続する	直径 2.6〔mm〕の引込用ビニル絶縁電線を使用する	直径 3.2〔mm〕の 600〔V〕ビニル絶縁電線を使用する	メタルラスと金属管を電気的に完全に接続し，接地工事を施工する

問	イ	ロ	ハ	ニ
7 低圧屋内配線を金属管工事により施設する場合，誤っているものは。	工事上やむを得ないので長さ 1.5〔m〕の管内に電線の接続点を設けた	厚さ 1.2〔mm〕の金属管をコンクリートに埋め込んだ	金属管工事よりがいし引き工事に移る場合，その管の端口に絶縁ブッシングを使用した	同一管内に交流 100〔V〕の単相2線式電灯回路を2回路収めた
8 電線を電磁的不平衡が生じないように金属管に挿入する方法で，正しいものは。	電源／負荷 単相2線式	電源／負荷 単相2線式	電源／負荷 単相2線式	電源／負荷 単相2線式
9 合成樹脂管工事で管相互を接着剤を使用して接続する場合のさし込み深さの最小値は。	管の内径の 0.8 倍	管の外径の 0.8 倍	管の内径の 1.2 倍	管の外径の 1.2 倍
10 低圧屋内配線工事の竣工検査を行ったところ，次のような箇所があった。誤っているものは。	合成樹脂管工事において，管の支持点間の距離が 2〔m〕であった	造営材の側面に沿って施設されたがいし引き工事において，電線の支持点間の距離が 1.5〔m〕であった	金属管工事において，管の支持点間の距離が 2〔m〕であった	ビニル外装ケーブル工事において，電線の支持点間の距離が 1.5〔m〕であった
11 合成樹脂管工事で，管の支持点間の距離の最大〔m〕は。	0.5	1.0	1.5	2.0
12 低圧屋内配線の施工方法で，誤っているものは。	ライティングダクト工事で，ダクトの支持点間の距離を 3〔m〕とし，堅固に支持した	点検口のある天井裏に，100〔V〕回路のがいし引き工事を行った	バスダクト工事で，ダクトの支持点間の距離を 3〔m〕とし，堅固に支持した	ビニル外装ケーブルと電話線とが交さする箇所で，10〔mm〕の離隔距離とした
13 屋外（雨露にさらされる場所）に施設する電球線に使用してよい電線は。	ビニルコード	ゴム絶縁キャブタイヤケーブル	防湿コード	ビニルキャブタイヤケーブル
14 ライティングダクト工事で不適切なものは。	ダクトの開口部を下に向けて施設した	ダクトの終端部を閉そくして施設した	ダクトの指示点間の距離を 2〔m〕とした	ダクトは造営材を貫通して施設した

	問	イ	ロ	ハ	ニ
15	単相3線式100/200〔V〕屋内配線工事で，不適切な工事法は。ただし，使用する電線は600Vビニル絶縁電線，直径1.6〔mm〕とする。	同じ径の硬質塩化ビニル電線管（VE管）2本をTSカップリングで接続した	合成樹脂製可とう電線管(PF管)を直接コンクリートに埋設した	合成樹脂製可とう電線管（CD管）を直接木造の造営材にサドルで固定した	金属管を水気のある場所で使用した
16	低圧屋内配線の工事方法で誤っているものは。	合成樹脂管工事で管の支持点間の距離が2〔m〕であった	金属管工事で，直径3.2〔mm〕の600〔V〕ビニル絶縁電線を使用していた	ビニル外装ケーブルの屈曲内側半径がケーブル外径の8倍であった	ビニル外装ケーブルとガス管との離隔距離が5〔cm〕であった
17	金属管工事で木造家屋のメタルラス張りの壁を電線管が貫通する場合，工事方法で正しいものは。	貫通部分のメタルラスを十分切り開き，メタルラスを接地する	貫通部分のメタルラスを十分切り開き，耐久性のある絶縁管に電線管を収める	貫通部分のメタルラスを十分切り開き，電線管にD種接地工事を施す	電線管とメタルラスを電気的に接続する
18	低圧屋内電路においてビニルコードが使用できないものは。	応接間の扇風機に附属する移動電線	移動用ケーブルタップへの電線	玄関の呼鈴用配線（小勢力回路）	居間の白熱電灯用電球線
19	硬質塩化ビニル電線管による合成樹脂管工事として不適切なものは。	管相互及び管とボックスとの接続で，接着剤を使用したので管の差し込み深さを管の外径の0.5倍とした	管の直線部分はサドルを使用し，管を1〔m〕間隔で支持した	湿気の多い場所に施設した管とボックスとの接続箇所に，防湿装置を施した	三相200〔V〕配線で，人が容易に触れるおそれがない場所に施設した管と接続する金属製プルボックスに，D種接地工事を施した

各種工事の施工方法　Ⅱ

1.　引込口施設

引込線

- 直径 2.6〔mm〕以上（長さ 15〔m〕以下のとき 2〔mm〕以上）の電線。
- 地上 2.5〔m〕以上に取り付ける。※

屋側配線

木造家屋の屋側配線は，がいし引き工事，合成樹脂管工事，ケーブル工事（金属皮を除く）などにより施工する。**金属管・可とう電線管・金属線ぴなどの工事をしてはいけない。**

引込開閉器の取付

- 引込口に近いところに引込開閉器（ふつう過電流遮断器と兼ねる）を取り付ける。
- 別棟の引込開閉器は，母屋・別棟間が15〔m〕以下のときは省略できる。

2.　屋外配線

屋外配線には，屋外専用の開閉器・過電流遮断器を施設する。ただし，**屋外配線が 8〔m〕以下のときは，開閉器・過電流遮断器を省略できる。**

上記1，2は，配線図の問題として出題されることが多い。

（引込線を引き止める）
引き込みがいし

木造家屋

屋側配線

Wh 引込口

金属管工事等は不可

※　車道横断なく，技術上やむをえぬ場合

引込開閉器

Wh

屋内分岐回路

*15〔A〕ヒューズまたは
20〔A〕配線用遮断器。

開閉器・過電流遮断器
$l \le 8m$ ⇒ 省略可

母屋

別棟

屋外配線

引込開閉器
$l \le 15m$ ⇒ 省略可

例1　低圧引込線の取付点から引込口に至る屋側電線路を，木造の造営物の展開した場所に施工するとき，行ってはならない工事は。

　イ．金属管工事　　　　　ロ．ビニル外装ケーブル工事
　ハ．合成樹脂管工事　　　ニ．がいし引き工事

答
イ　　金属管工事

例2　住宅の100〔V〕配線で倉庫の引込口開閉器を省略できる距離 l の最大値〔m〕は。分岐回路の配線用遮断器は20〔A〕とする。

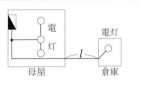

電灯

電灯

l

母屋　　　倉庫

　イ．3　　　　ロ．10　　　　ハ．15　　　　ニ．20

答
ハ　　15〔m〕以下の場合省略できる

例3　定格電流20〔A〕の配線用遮断器で保護されている低圧屋内配線から屋外配線を分岐した場合，専用の過電流遮断器が省略できる分岐点からの長さ〔m〕の最大は。

　イ．3　　　　ロ．5　　　　ハ．8　　　　ニ．10

答
ハ　　8〔m〕以下の場合，省略できるから，最大は8〔m〕

3. 地中配線工事

・使用できる電線…**ケーブル**に限られる。

・埋め込み方法と埋め込み深さ（直接埋め込み方式）

重量物の圧力がある場合　　　**重量物の圧力がない場合**

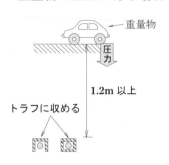

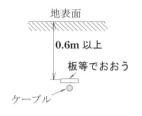

板やといで覆うだけでよい。

・VE 管や FEP 管等に収めて埋込むことが多い。

・上部に埋込む表示の例

> 危険　　注意
> この下に低圧電力ケーブルあり

4. 小勢力回路の工事

・ベル，チャイム，リモコン回路などの **60〔V〕以下**の回路を小勢力回路という。

・配線には，ケーブルまたは **0.8〔mm〕以上**の電線を使用する。

100〔V〕を変圧器で必要な電圧に落として使用する。変圧器二次側が小勢力回路になる。

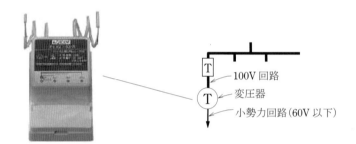

5. ネオン工事

・管燈回路（トランス二次側配線）は，ネオン電線とネオンがいしによる**がいし引き工事**で配線する。

・ネオントランスは**外箱を接地**する。

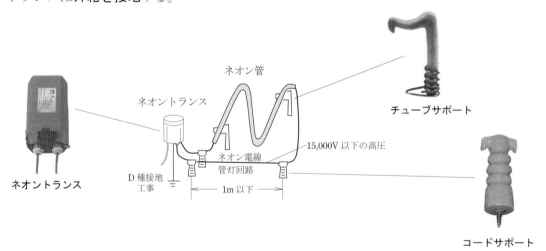

6. ショーウインドウ配線

・乾燥して外部から見やすい場所は，**0.75〔mm²〕以上**のコードまたはキャブタイヤケーブルを造営材に直接配線できる。

・支持点間距離 **1〔m〕以下**

例4 車両その他の重量物の圧力を受けない場所に，600〔V〕ビニル外装ケーブルを直接埋設方式により地中電線路として施設する場合，埋設深さ〔m〕の最小値は。

イ．0.3 ロ．0.6 ハ．1.0 ニ．1.2

答 ロ 0.6〔m〕以上埋め込む

例5 1,000〔V〕を越えるネオン放電灯の管灯回路の配線で正しい工事方法は。

イ．ケーブル工事 ロ．金属管工事
ハ．合成樹脂管工事 ニ．がいし引き工事

答 ニ ネオンがいしとネオン電線によるがいし引き工事

例6 電気設備基準の解釈による小勢力回路の最大の使用電圧〔V〕は。

イ．40 ロ．50 ハ．60 ニ．70

答 ハ 60〔V〕

	問	イ	ロ	ハ	ニ
1	600〔V〕ビニル外装ケーブルを地中電線路として施設する場合の工事方法で，正しいものは。	車道 1.2m ケーブル	車道 0.6m ケーブル コンクリートトラフ	庭園 1.0m ケーブル 堅ろうな板	庭園 1.2m ケーブル
2	地中電線路を直接埋設式により施工する場合に使用できる電線は。	引込用ビニル絶縁電線（DV）	屋外用ビニル絶縁電線（OW）	600〔V〕2種ビニル絶縁電線（HIV）	架橋ポリエチレン絶縁ビニルシースケーブル（CV）
3	ネオン放電灯工事で誤っている工事方法は。	ネオントランスの二次側配線をコードサポートで支持した	ネオントランスの二次側配線の支持点間の距離を1〔m〕とした	ネオントランスの金属製外箱にD種接地工事を施した	ネオントランスの二次側配線に600Vビニル絶縁電線を使用した
4	使用電圧100〔V〕の低圧屋内配線のうち，コードを直接造営材に取り付けてよいものは。	乾燥した場所の見えやすい電灯配線	人の容易に触れるおそれのない乾燥した場所の電灯配線	乾燥した場所の常時点検できる点滅器配線	外部から見えやすい乾燥した場所のショーケース内の配線
5	乾燥した場所に施設し，内部を乾燥状態で使用するショーウインドウ内の100〔V〕の屋内配線にコードを用いた工事として，不適切なものは。	コードは外部から見えやすい箇所に施設した	電線は断面積0.75〔mm²〕以上のコードを使用した	電線相互の接続には差し込み接続器を用いた	電線の取付け点間の距離は3〔m〕とした

電線の接続

1. 接続の条件

・電線の**電気抵抗**を増加させない。

・電線の強さ（機械的強度）を **20**〔%〕以上減少させない。

2. 接続方法

・**電線相互の接続は**

　　接続器具を用いるか直接接続してろう付けする

　（電線とコードの接続も同様）。

・**コード相互，キャブタイヤケーブル相互の接続は，**

　接続器具を用いる（直接接続してはいけない）。

　　ただし，断面積 8〔mm²〕以上のキャブタイヤケーブル相互は

　直接接続できる。

・接続部分の充電部分の露出箇所には，絶縁効力のある

　もので被覆する。※

接続器具を用いる例

リングスリーブによる　　　　S形スリーブによる
終端接続　　　　　　　　　　直線接続

直接接続し，ろう付けする例

直線接続し，ろう付け　　　　ねじり接続し，ろう付け

コード接続器具の例

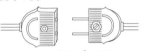

コードコネクタ

※絶縁テープは，半幅以上重ねて2回以上巻く。

例1 張力のかかる電線相互を接続する場合，接続箇所の電気抵抗 A と電線の強さ B との組合せで，正しいものは。

イ．A：増加させない
　　B：20〔%〕以上減少させない

ロ．A：増加させない
　　B：25〔%〕以上減少させない

ハ．A：10〔%〕以上増加させない
　　B：20〔%〕以上減少させない

ニ．A：10〔%〕以上増加させない
　　B：25〔%〕以上減少させない

答　イ
　　抵抗を増加させず，
　　強さを 20%以上減少
　　させない

例2 電線を接続するとき必ず接続器具を使用しなければならないものは。

イ．コード相互

ロ．断面積 8〔mm²〕のキャブタイヤケーブル相互

ハ．絶縁電線とケーブル

ニ．絶縁電線とコード

答　イ
　　コード相互

例3 電線（銅導体）の接続方法で誤っているものは。

イ．ビニル絶縁電線とビニル外装ケーブルをS形スリーブを用いて直線接続し，ろう付けしなかった

ロ．ビニル絶縁電線とビニルコードを直接接続し，ろう付けした

ハ．ビニル外装ケーブル相互を接続箱内で直接接続し，ろう付けした

ニ．ビニルコード相互を直接接続し，ろう付けした

答　ニ
　　コード相互は，
　　接続器具を用いる

	問	イ	ロ	ハ	ニ
1	絶縁電線相互を巻付接続する場合で，誤っているものは。	絶縁電線の絶縁物と同等以上の絶縁効力のあるもので十分被覆すること	電線の強さを20〔%〕以上減少させないこと	接続部をろう付けすること	電線の電気抵抗を10〔%〕以上増加させないこと
2	電線の接続にコード接続器，接続箱などの器具を使用しなくてもよい場合は。	5.5〔mm²〕3心600V ゴムキャブタイヤケーブル相互	3.5〔mm²〕3心600V ビニルキャブタイヤケーブル相互	0.75〔mm²〕2心ゴム絶縁よりコード相互	14〔mm²〕3心600V ビニル絶縁ビニル外装ケーブル相互
3	電線の接続方法についての記述で，誤っているものは。	ビニル絶縁電線とビニルコードを直接接続し，ろう付けした	電線の強度を20〔%〕以上減少させないように，電線相互を接続した	直径2.6〔mm〕のビニル絶縁電線相互をスリーブで接続した	断面積5.5〔mm²〕のキャブタイヤケーブル相互を直接接続し，ろう付けした
4	600〔V〕ビニル絶縁ビニルシースケーブル平形1.6〔mm〕を使用した低圧屋内配線工事で，絶縁電線相互の終端接続部分の絶縁処理として，不適切なものは。 ただし，ビニルテープはJISに定める厚さ約0.2〔mm〕の絶縁テープとする。	リングスリーブにより接続し，接続部分をビニルテープで半幅以上重ねて1回（2層）巻いた。	リングスリーブにより接続し，接続部分を黒色粘着性ポリエチレン絶縁テープ（厚さ約0.5〔mm〕）で半幅以上重ねて2回（4層）巻いた。	リングスリーブにより接続し，接続部分を自己融着性絶縁テープ（厚さ約0.5〔mm〕）で半幅以上重ねて1回（2層）巻き，更に保護テープ（厚さ約0.2〔mm〕）を半幅以上重ねて1回（2層）巻いた。	差込形コネクタにより接続し，接続部分をビニルテープで巻かなかった。

施工7 接 地 工 事

1. 接地の方法と目的

漏電による感電や火災などを防止するため，**機器や電路の電流を大地に導くことを接地という。**

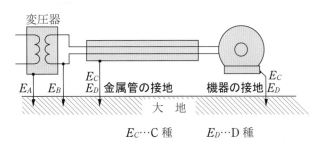

E_C…C 種 E_D…D 種

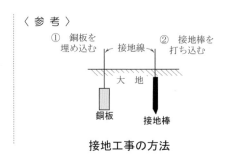

〈 参 考 〉

① 銅板を埋め込む　② 接地棒を打ち込む

接地工事の方法

2. 接地個所と接地工事の種類

接地個所		接地の種類	接地抵抗値	接地線直径
		A 種接地	出題率は低い	
※1		B 種接地		
低圧用 ・機器の外箱や鉄台 ・金属管	300〔V〕超過	C 種接地	10〔Ω〕以下 500〔Ω〕以下 ※2	1.6〔mm〕以上
	300〔V〕以下	D 種接地	100〔Ω〕以下 500〔Ω〕以下 ※2	1.6〔mm〕以上

※2 ・動作時間 0.5 秒以内の漏電遮断器を取り付ける場合

※1 ・電路の接地

単相2線式低圧配線では片側電路を，単相3線式では中性線を，変圧器巻線でB種接地し，巻線の混触による感電事故を防止する。

接地電路は，白色電線を用いて充電路と区別する。

3. 接地工事の省略

次の場合は，**D種接地工事を省略**できる。

・大地間の抵抗値がすでに100〔Ω〕以下の機器や金属管（接地施工済みとみなす特例）

機器の接地

・**乾燥した場所**に施設し，対地電圧150〔V〕以下の機器。

・**乾燥した木製の床や絶縁台上**に施設した機器（対地電圧を問わない）。

・水気のある場所以外に施設し，**15〔mA〕・0.1秒以下で動作する漏電遮断器**を電路に設置した機器。

金属管等の接地

・乾燥した場所に施設した**4〔m〕以下**（対地電圧150〔V〕以下の場合は8〔m〕以下）の金属管等

4. その他

・移動用機器の接地には，接続コードまたはキャブタイヤケーブルの1線（**0.75〔mm²〕以上**）を接地線に使用できる。

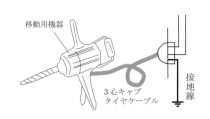

	答	
例1 低圧屋内機器にD種接地工事を施す主な目的は。	イ	感電の防止
イ．漏電による感電を防止する　ロ．漏電による機器の損傷を防止する		
ハ．機器の力率をよくする　　　ニ．機器の絶縁をよくする		

	答	
例2 D種接地工事を省略できるものは。	ロ	イ：屋外は湿気や水気があるので不可
イ．屋外に施設した井戸用ポンプの100〔V〕電動機の鉄台		ロ：省略できる
ロ．漏電遮断器 (定格感度電流 15〔mA〕，動作時間 0.1 秒の電流動作型) を施設した乾燥した場所の三相 200〔V〕電動機の鉄台		ハ：コンクリート床上は不可
ハ．コンクリート床上で取り扱う三相 200〔V〕電動機用金属箱開閉器の外箱		ニ：4〔m〕以下でないと不可
ニ．乾燥した場所の三相 200〔V〕の屋内配線で長さ 6〔m〕の金属管		

	答	
例3 金属管工事で金属管のD種接地工事を省略できるものは。	イ	イ：乾燥した150〔V〕以下なので，省略可
イ．乾燥した場所の 100〔V〕の配線で管の長さが 6〔m〕のもの		ロ：湿気は省略不可
ロ．湿気のある場所の三相 200〔V〕の配線で，管の長さが 6〔m〕のもの		ハ：300〔V〕超過の場合はC種接地が必要
ハ．乾燥した場所の 400〔V〕の配線で管の長さが 6〔m〕のもの		ニ：湿気は省略不可
ニ．湿気のある場所の 100〔V〕の配線で管の長さが 10〔m〕のもの		

――――〜 接地極付プラグ 〜――――

　接地用の極が，他のものより長いので，さし込むと電源に接続される前に接地線が接触し，はずす際は電源が切れた後，接地線の極が離れる。

接地極
ほかの極より
3mm 長い

	問	イ	ロ	ハ	ニ
1	D種接地工事を省略できるものは。	対地電圧が150〔V〕を超える電路で使用する電動機を，乾燥したコンクリートの床に設置する場合	フロアダクト工事のフロアダクト	対地電圧が150〔V〕以下の場合で，管の長さが8〔m〕以下の金属管を，乾燥した場所に施設するとき	対地電圧が150〔V〕を超える電路の合成樹脂管工事と接続される金属製プルボックス
2	D種接地工事を施さなければならないものは。	乾燥した場所に施設した三相200〔V〕動力配線を収めた長さ4〔m〕の金属管	乾燥した場所に施設した単相3線式100/200〔V〕配線を収めた長さ8〔m〕の金属管	乾燥した木製の床の上で取り扱うように施設した三相200〔V〕誘導電動機の鉄台	乾燥した場所に施設した三相200〔V〕ルームエアコンの金属製外箱部分
3	床に固定した定格電圧200〔V〕，定格出力2.2〔kW〕の三相誘導電動機の鉄台に接地工事をする場合，接地線（軟銅線）の太さと接地抵抗値の組合せで，不適切なものは。 ただし，漏電遮断器を設置しないものとする。	直径2.6〔mm〕，100〔Ω〕	直径2.0〔mm〕，50〔Ω〕	直径1.6〔mm〕，10〔Ω〕	公称断面積0.75〔mm²〕，5〔Ω〕
4	接地工事の施工方法で誤っているものは。	100〔V〕の屋内配線で，管の長さ8〔m〕の金属管に収めて配線したが，乾燥した場所なので接地工事を省略した	200〔V〕三相電動機を乾燥した木製の床上から取り扱うように施設したので接地工事を省略した	住宅の水気のある場所で電気洗濯機を使用する場合，漏電遮断器を施設したため接地工事を省略した	三相200〔V〕金属製開閉器を建物の鉄骨に取り付けたが，その外箱と大地との間の電気抵抗値が30〔Ω〕であったので接地工事を省略した
5	人の容易に触れるおそれがない乾燥した場所に施設する低圧屋内配線工事で，D種接地工事を省略できないものは。	三相3線式200〔V〕の合成樹脂管工事に使用されている金属製ボックス	単相100〔V〕の埋込形蛍光灯の金属部分	単相100〔V〕の電動機の鉄台	三相3線式200〔V〕の金属管工事に使用する長さ10〔m〕の金属管

第6章
法　令

電気設備技術基準

1. 電圧区分

低　　圧	交流 600〔V〕以下	直流 750〔V〕以下
高　　圧	～7,000〔V〕	
特別高圧	7,000〔V〕を越えるもの	

（小勢力回路は 60〔V〕以下。）

2. 使用電圧の制限

（1） 住宅屋内電路で使用できる電圧は，対地電圧 **150**〔V〕**以下**（単相 100〔V〕，または単相3線式 100/100/200〔V〕）。

（2） **2**〔kW〕**以上の大型機器**は，次の条件で 150〔V〕を越えて（三相 200〔V〕で）使用できる。

　① 専用の電路に専用の開閉器・過電流遮断器・漏電遮断器を施設。
　② 屋内配線と**直接接続**する（コンセントを使用しない）。
　③ **簡易接触防護措置**を施す（例外あり）。

例1 電気設備技術基準で，高圧の区分に属する交流電圧〔V〕は。

　イ．400　　ロ．600　　ハ．750　　ニ．7,500

答 ハ　600〔V〕を越え，7,000〔V〕以下

例2 特別な場合を除き，住宅の屋内電路に使用できる対地電圧の最大値〔V〕は。

　イ．100　　ロ．150　　ハ．200　　ニ．250

答 ロ　屋内配線の対地電圧は 150〔V〕以下

例3 住宅に三相 200〔V〕，2.7〔kW〕のルームエアコンを施設する配線工事方法で，誤っているものは。

　イ．配線は人が容易に触れないようにする
　ロ．専用の配線用遮断器を取り付ける
　ハ．配線には漏電遮断器を取り付ける
　ニ．ルームエアコンとの接続にコンセントを用いる

答 ニ　コンセントを使わず，直接接続する

	問	答
1	電気設備の技術基準による電圧の低圧区分で正しいものは。	イ．直流　600〔V〕以下，　交流　750〔V〕以下 ロ．直流　750〔V〕以下，　交流　600〔V〕以下 ハ．直流　900〔V〕以下，　交流　600〔V〕以下 ニ．直流　900〔V〕以下，　交流　300〔V〕以下
2	電気設備技術基準で定められている交流の電圧区分で，正しいものは。	イ．低圧は 600〔V〕以下，　高圧は 600〔V〕を超え 10,000〔V〕以下 ロ．低圧は 600〔V〕以下，　高圧は 600〔V〕を超え 7,000〔V〕以下 ハ．低圧は 750〔V〕以下，　高圧は 750〔V〕を超え 10,000〔V〕以下 ニ．低圧は 750〔V〕以下，　高圧は 750〔V〕を超え 7,000〔V〕以下
3	電気設備に関する技術基準で，家庭用電気機械器具への供給電圧は，原則。	イ．使用電圧 150〔V〕以下　　　ロ．使用電圧 300〔V〕以下 ハ．対地電圧 150〔V〕以下　　　ニ．対地電圧 300〔V〕以下
4	住宅の屋内に三相 200〔V〕のルームエアコンを施設した。工事方法として適切なものは。 　ただし，三相電源の対地電圧は 200〔V〕で，ルームエアコン及び配線は簡易接触防護措置を施すものとする。	イ．定格消費電力が 1.5〔kW〕のルームエアコンに供給する電路に，専用の配線用遮断器を取り付け，合成樹脂管工事で配線し，コンセントを使用してルームエアコンと接続した。 ロ．定格消費電力が 1.5〔kW〕のルームエアコンに供給する電路に，専用の漏電遮断器を取り付け，合成樹脂管工事で配線し，ルームエアコンと直接接続した。 ハ．定格消費電力が 2.5〔kW〕のルームエアコンに供給する電路に，専用の配線用遮断器と漏電遮断器を取り付け，ケーブル工事で配線し，ルームエアコンと直接接続した。 ニ．定格消費電力が 2.5〔kW〕のルームエアコンに供給する電路に，専用の配線用遮断器を取り付け，金属管工事で配線し，コンセントを使用してルームエアコンと接続した。

電気事業法

1. 電気工作物

電気の発生・供給から使用に関わる機器・設備・施設を，電気工作物と定義し，**事業用（電気事業用，自家用，および小規模事業用）と一般用**に分類

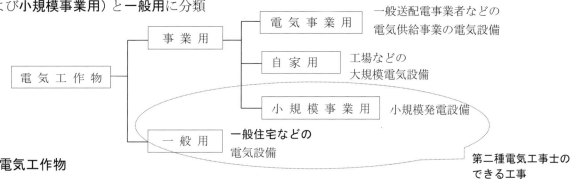

一般送配電事業者などの
電気供給事業の電気設備

工場などの
大規模電気設備

小規模発電設備

一般住宅などの
電気設備

第二種電気工事士の
できる工事

（1）自家用電気工作物

① **600〔V〕超過（高圧，特別高圧）で受電する**電気工作物。

② **発電設備** を有する施設。

③ 受電構内以外の場所に渡る電線路を有する施設。

④ 火薬類製造所等の施設。

（2）一般用電気工作物 ⇨

600〔V〕以下（低圧）で受電する電気工作物。

発電設備を有する場合，

20〔kW〕未満の水力

10〔kW〕未満の太陽電池

10〔kW〕未満の内燃力

10〔kW〕未満の燃料電池

} ただし，**合計 50〔kW〕未満**である場合

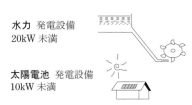

水力 発電設備
20kW 未満

太陽電池 発電設備
10kW 未満

内燃力 発電設備
燃料電池
　　　　10kW 未満

（3）小規模事業用電気工作物　「風力発電（20kW 未満），太陽電池発電（10kW 以上 50kW 未満）」

※令和 5 年 3 月，保安規制の変更により，**小出力**発電設備の名称は，新たな規制が課され，技術基準適合維持義務等の改正変更がある。

小規模発電設備となった。

風力 発電設備
20kW 未満

太陽電池 発電設備
10kW 以上 50kW 未満

2. 電気工作物の安全確保

自家用電気工作物：設置者が工作物を自主的に保安。
一般用電気工作物：**一般送配電事業者**が工作物の技術基準適合を調査。

例1　一般用電気工作物に関する記述で，正しいものは。

イ．低圧で受電するものは，出力 100〔kW〕の非常用予備発電装置を同一構内に施設しても，一般用電気工作物となる。

ロ．低圧で受電し，小規模発電設備を有する場合，一般用電気工作物となる。

ハ．高圧で受電するものであっても，需要場所の業種によっては，一般用電気工作物になる場合がある。

ニ．高圧で受電するものは，受電電力の容量，需要場所の業種にかかわらず，すべて一般用電気工作物となる。

答
ロ

イ：100〔kW〕の発電装置は，自家用。

ハ，ニ：高圧受電は，無条件で自家用。

	問	イ	ロ	ハ	ニ
1	一般用電気工作物に関する記述として，誤っているものは。	高圧で受電するものは，受電電力の容量，需要場所の業種にかかわらず，すべて一般用電気工作物となる	低圧で受電し，小規模発電設備を有する場合，一般用電気工作物となる	低圧で受電するものであっても，火薬類を製造する事業場など，設置する場所によっては一般用電気工作物とならない	低圧で受電するものであっても，出力60〔kW〕の太陽電池発電設備を同一構内に施設した場合，一般用電気工作物とならない
2	自家用電気工作物に該当するものは。	低圧受電で，受電電力の容量が20〔kW〕，出力3〔kW〕の太陽電池発電設備を有するポンプ場	低圧受電で，受電電力の容量が25〔kW〕の遊技場	低圧受電で，受電電力の容量が40〔kW〕,出力25〔kW〕の内燃力予備発電装置を有する映画館	低圧受電で，受電電力の容量が45〔kW〕の事務所
3	一般用電気工作物の適用を受けないものは。ただし，発電設備は電圧600〔V〕の以下で，1構内に設置するものとする。	低圧受電で，受電電力の容量が40〔kW〕，出力6〔kW〕の太陽電池発電設備を備えた幼稚園	低圧受電で，受電電力の容量が35〔kW〕,出力15〔kW〕の非常用内燃力発電設備を備えた映画館	低圧受電で，受電電力の容量が45〔kW〕，出力5〔kW〕の燃料電池発電設備を備えた中学校	低圧受電で，受電電力の容量が30〔kW〕，出力8〔kW〕の太陽電池発電設備
4	電気事業法で一般用電気工作物の定期調査の義務を課せられているものは。	一搬送配電事業者	所有者	電気工事業者	消防署

法令3　電気用品安全法

1. 電気用品安全法の目的
電気用品による危険・障害の発生を防止する。

2. 電気用品
一般用電気工作物に使用できる政令で定められた機器・材料は、**電気用品**として規制され、表示が付される。

表示のない電気用品は、販売、使用してはならない。

（1）電気用品の表示記号

 または （PS）E

（2）特定電気用品
- 電気用品中、危険・障害発生のおそれが多いもので、政令で示すもの。
- 特定電気用品を示す表示。

表示事項
① 表示記号 ⟨PS/E⟩ または 〈PS〉E
② 検査機関名　③ 届け出事業者名　④ 定格等

特定電気用品の例
- 絶縁電線（100mm² 以下）
- ケーブル（22mm² 以下）
- コード
- ヒューズ（1〜200A）、温度ヒューズ
- 点滅器各種
- 箱開閉器
  配線用遮断器 ｝（100A 以下）
  漏電遮断器
- 接続器各種（差し込み接続器、ねじ込み接続器、ジョイントボックス、ローゼット）
- 電気温水器

電気用品の適用を受けないものの例
- レジューサ　　　・がいし
- ロックナット　　・サドル
- スリーブ　　　　・がい管
- スイッチボックス・ヒューム管
- 進相コンデンサ

例1 電気用品安全法の主な目的は。
- イ．電気用品の種類の増加を制限し使用者の選択を容易にする
- ロ．電気用品の規格などを統一し、電気用品の互換性を高める
- ハ．電気用品による危険及び障害の発生を防止する
- ニ．電気用品の販売価格の規準を定め、消費者の利益の保護を図る

答 ハ　電気用品による危険・障害の発生を防止する

例2 電気用品安全法の適用を受ける特定電気用品に表示されているマークは。
 イ．　 ロ．JEC　 ハ．　ニ．
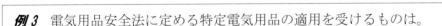

答 ニ

例3 電気用品安全法に定める特定電気用品の適用を受けるものは。
- イ．チューブサポート（ネオンがいし）　ロ．地中電線路用ヒューム管（内径150〔mm〕）
- ハ．22〔mm²〕用ボルト形コネクタ　ニ．600V ビニル絶縁電線（38〔mm²〕）

答 ニ　100〔mm²〕以下、600〔V〕以下の絶縁電線は特定電気用品

例4 電気用品安全法に関する記述で誤っているものは。
- イ．電気用品製造事業者は、特定電気用品に ⟨PSE⟩ マークを付すことができる
- ロ．所定の表示のない特定電気用品は、販売してはならない
- ハ．輸入した特定電気用品については JIS マークを付さなければならない
- ニ．電気工事士は、所定の表示のない特定電気用品を使用してはならない

答 ハ　輸入した特定電気用品にも ⟨PSE⟩ マークを付す

問	イ	ロ	ハ	ニ
1 電気用品安全法における特定電気用品に関する記述として，誤っているものは。	電気用品の製造の事業を行う者は，一定の要件を満たせば製造した特定電気用品に⟨PSᴇ⟩の表示を付すことができる。	電気用品の輸入の事業を行う者は，一定の要件を満たせば輸入した特定電気用品に⟨PSᴇ⟩の表示を付すことができる。	電気用品の販売の事業を行う者は，経済産業大臣の承認を受けた場合等を除き，法令に定める表示のない特定電気用品を販売してはならない。	電気工事士は，経済産業大臣の承認を受けた場合等を除き，法令に定める表示のない特定電気用品を電気工事に使用してはならない。
2 電気用品安全法により，電気工事に使用する特定電気用品に付すことが要求されていない表示は。	製造年月日	届出事業者名	検査機関名	⟨PSᴇ⟩ 又は〈PS〉E の記号
3 電気用品安全法の適用を受ける絶縁電線の導体の公称断面積の最大値〔mm²〕は。	60	100	125	150
4 電気用品安全法の適用を受ける配線材料は。	ロックナット	ジョイントボックス	がい管	スリーブ
5 電気用品安全法により特定電気用品の適用を受けるものは。	消費電力40〔W〕の蛍光ランプ	外径25〔mm〕の金属製電線管	定格電流60〔A〕の配線用遮断器	ケーブル配線用スイッチボックス
6 特定電気用品の表示を必要とするものは。	温度ヒューズ 100〔V〕 15〔A〕	つめ付ヒューズ 250〔V〕 300〔A〕	筒形ヒューズ 200〔V〕 400〔A〕	管形ヒューズ 100〔V〕 0.5〔A〕
7 低圧の屋内電路に使用する次のもののうち，特定電気用品の組合せとして，正しいものは。 A：定格電圧600〔V〕，導体の公称断面積8〔mm²〕の3心ビニル絶縁ビニルシースケーブル B：内径25〔mm〕の可とう電線管 C：定格電圧100〔V〕，定格消費電力25〔W〕の換気扇 D：定格電圧110〔V〕，定格電流20〔A〕，2極2素子の配線用遮断器	A・B	A・D	B・C	B・D

電気工事士法

法令4

1. 電気工事士法の目的

電気工事の欠陥による災害の防止

2. 電気工事士の義務

① 「電気設備技術基準」に適合する工事を行う。

② 作業従事中は，工事士免状を携帯する。

③ 工事内容について，求められた事項を知事に報告する。

3. 工事士免状

・電気工事士免状は，**都道府県知事が交付**する。

・免状の**再交付**（紛失・汚損）・**書き換え**（記載事項「氏名」変更）は，免状を交付した都道府県知事に申請する。

・都道府県知事は，電気工事士法に違反した電気工事士に**免状の返納**を命ずることができる。

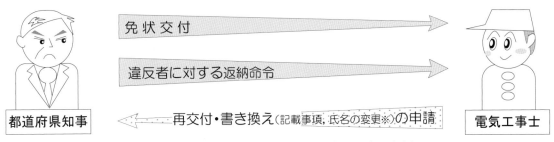

免状交付

違反者に対する返納命令

都道府県知事　←──── 再交付・書き換え（記載事項，氏名の変更※）の申請　電気工事士

※　住所変更は該当しない（自分で書き直す）

4. 工事士でなければできない作業

電気工事は**軽微な工事**を除き工事士でなければしてはならない。

> ☆ 電気工事士でなくても誰でもできる軽微な工事の例 ☆
>
> ◦ 接続器，開閉器に**コードを接続**する作業
> ◦ 電気機器に**電線をねじ止め**する作業
> ◦ **電力量計，電流制限器，ヒューズを取り付ける**作業
> ◦ **小型変圧器**で，36〔V〕以下の二次側配線
> ◦ **電柱，腕木の設置**
> ◦ 地中電線用の**暗きょ，管の設置**
> ◦ **露出コンセント・スイッチ**の取り換え

5. 第二種電気工事士のできる工事 (p.91　参照)

一般用電気工作物 の電気工事

及び

小規模事業用電気工作物

95

例1　電気工事士法の主な目的は。

イ．電気工事に従事する者の安全を確保する

ロ．電気工事の適正な実施により経営の安定を図る

ハ．電気工事の欠陥による災害発生の防止に寄与する

ニ．粗悪な電気用品による危険および障害の発生を防止する

答
ハ

災害発生の防止

例2　電気工事士が守らなければならない事項で，誤っているものは。

イ．電気工事に特定電気用品を使用する場合は，電気用品安全法による表示の付されたものを使用すること

ロ．電気工事の作業に従事するときは，電気工事士免状を携帯すること

ハ．電気工事士免状の記載事項に変更を生じたときは，所轄経済産業局長に書き換えを申請すること

ニ．電気工事の作業に従事するときは，電気設備の技術基準を遵守すること

答
ハ

免状記載事項の書き換えは，免状交付都道府県知事に申請

例3　一般用電気工作物の工事または作業で，(a)，(b) 共に電気工事士でなければならないものは。

イ．
(a) 接地極を地面に埋設する。
(b) 電圧 100〔V〕で使用する蓄電池の端子に電線をねじ止めする。

ロ．
(a) 地中電線用の暗きょを設置する。
(b) 電圧 200〔V〕で使用する電力量計を取り付ける。

ハ．
(a) 電線を支持する柱を設置する。
(b) 電線管に電線を収める。

ニ．
(a) 配電盤を造営材に取り付ける。
(b) 電線管を曲げる。

答
ニ

イ (b)，ロ (a) (b)，ハ (a) は，工事士でなくてもできる

例4　電気工事士法において，第二種電気工事士の資格があってもできない工事は。

イ．一般用電気工作物のネオン工事

ロ．一般用電気工作物の接地工事

ハ．自家用電気工作物 (500〔kW〕未満の需要設備) の地中電線用管路設置工事

ニ．自家用電気工作物 (500〔kW〕未満の需要設備) の非常用予備発電装置の工事

答
ニ

イ，ロ：一般用は第二種の資格でできる。

ハ：軽微なものは電気工事士の資格不要。

ニ：特殊電気工事資格者でなければできない。

	問	イ	ロ	ハ	ニ
1	A,Bともに電気工事士でなければできない一般用電気工作物の作業は。	A 電力量計の取り付け B 小形変圧器(二次電圧 24〔V〕)の二次側配線工事	A 露出形コンセントの取り替え B 電線を支持する柱の建柱	A ヒューズの取り付け B 地中電線用の管の設置	A 電線相互の接続 B 接地極の地中への埋設
2	電気工事士に課せられた義務又は制限に関する記述として,誤っているものは。	電気工事士は,一般用電気工作物の作業を行うときは,電気工事士免状を携帯していなければならない	電気工事士は,一般用電気工作物の作業を行うときは,電気設備の技術基準に適合するよう工事を行わなければならない	第二種電気工事士の免状の取得者は,最大電力150〔kW〕の自家用電気工作物(需要設備)のネオン工事の作業に従事できる	電気工事士は,電気工事の作業に電気用品を使用するときは,電気用品安全法に定められた適正な表示が付されたものでなければ使用してはならない
3	一般用電気工作物の低圧工事において,電気工事士でなければ従事できない作業は。	接地極に接地線を接続する	ベルに使用する小型変圧器の二次側配線(24〔V〕)を施工する	電力量計を取り付ける	地中電線用の暗きょを施設する
4	電気工事士が電気工事士法に違反したとき,電気工事士免状の返納を命ずることができる者は。	経済産業大臣	経済産業局長	都道府県知事	市町村長
5	電気工事士に課せられた義務又は制限に関する記述で,誤っているものは。	一般用電気工作物を対象とした電気工事の作業を行う場合には,電気工事士免状を携帯しなければならない	電気工事の施工にあたっては電気設備の技術基準を守らなければならない	第二種電気工事士のみの免状で,500〔kW〕未満の自家用電気工作物の需要設備の低圧部分の工事ができる	電気工事の施工にあたっては電気用品安全法に定められた電気用品を使用しなければならない
6	電気工事士法に基づいて,電気工事士が免状の書き換えの申請をしなければならない事項は。	住所が変わった場合	氏名が変わった場合	勤務先が変わった場合	主任電気工事士になった場合

電気工事業の業務の適正化に関する法律

1. 電気工事業者の登録

    ・電気工事業者は，知事の登録を受ける　　　　・登録有効期間は5年

2. 電気工事業者の義務

    ・**主任電気工事士**（第一種電気工事士または実務経験3年以上の第二種電気工事士）を設置する。

    ・電気用品安全法による電気用品で，所定の表示が付された電気用品を使用する。

    ・営業所ごとに測定器（**絶縁抵抗計，接地抵抗計，回路計**）を設置する。

    ・必要事項を記した**標識を営業所および施工場所に掲示**する。

標識記載事項 {
- 氏名又は名称
- 営業所の名称，及び電気工事の種類
- 登録年月日，及び登録番号
- 主任電気工事士の氏名

    ・**帳簿**を5年間保存する。

例1 電気工事業の業務の適正化に関する法律の適用で誤っているものは。
- イ．帳簿は5年間保存する
- ロ．標識は営業所または電気工事の施工場所のいずれか見やすい場所に掲げる
- ハ．主任電気工事士になるための必要な実務経験は3年以上である
- ニ．電気工事業者の登録有効期間は5年である

答
ロ

標識は営業所と施工場所の両方に掲げる

例2 電気工事業の業務の適正化に関する法律で，電気工事業者が一般用電気工事のみの業務を行う営業所ごとに備えることが義務付けられていないものは。
- イ．絶縁抵抗計
- ロ．接地抵抗計
- ハ．回路計
- ニ．照度計

答
ニ

照度計は不要

	問	イ	ロ	ハ	ニ
1	電気工事業の業務の適正化に関する法律において，登録電気工事業者が営業所等に掲げる標識に，記載する事が義務付けられていない項目は。	営業所の名称	登録番号	主任電気工事士の氏名	電気工事の施工場所名
2	電気工事業の業務の適正化に関する法律に定める内容に適合していないものは。	一般用電気工事の業務を行う電気工事業者は，第一種電気工事士又は第二種電気工事士免状取得後電気工事に関し3年以上の実務経験を有する電気工事士を，営業所ごとに主任電気工事士として置かなければならない	一般用電気工事の業務を行う電気工事業者は，営業所ごとに絶縁抵抗計，接地抵抗計，及び回路計（抵抗と交流電圧を測定できるもの）を備えなければならない	電気工事業者は，営業所ごとに，所定の帳簿を備えなければならない	登録電気工事業者が引続き電気工事業を営もうとする場合，8年ごとに電気工事業の更新の登録を受けなければならない

第7章

検査・測定

検査・測定 1　　　電 気 計 器

1. 電気計器

（1）　指示電気計器の分類と置き方

可動コイル形	可動鉄片形	整 流 形	電流力計形	誘 導 形
∩	 ₹	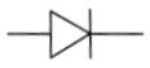 ⊸▷⊢	 ⊏⊐	 ◉

直 流 用	交 流 用	直・交流用	平衡三相交流用
—	～	≂	≋

水 平 使 用	鉛 直 使 用	傾 斜 使 用
⊓	⊥	∠

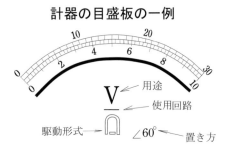

計器の目盛板の一例

（2）　交流計器の指示値

交流電圧計，電流計は，**交流の実効値を指示**する。

例1　電気計器の目盛板に ₹ ⊓ の記号がある。正しいものは。

イ．誘導形で鉛直に立てて用いる　　**ロ**．誘導形で水平に置いて用いる

ハ．可動鉄片形で鉛直に立てて用いる　　**ニ**．可動鉄片形で水平に置いて用いる

答 ニ
・可動鉄片形
・水平使用

	問	イ	ロ	ハ	ニ
1	計器の目盛板に図のような記号があった。この計器の種類と用い方で，正しいものは。◉| 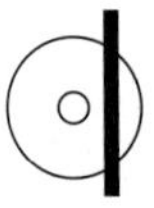	熱電形で直流回路に用いる	整流形で直流回路に用いる	可動鉄片形で交流回路に用いる	誘導形で交流回路に用いる
2	交流電流計の指示する値は。	平均値	最大値	実効値	瞬時値
3	電流計の使用方法で，正しいものは。	目盛板（文字盤）に ⊓ の表示のあるものは，水平において使用する	大電流を測定しようとするときは，倍率器を組合せる	測定しようとする電流が小さいときは，分流器を組合せる	負荷と並列に接続する
4	可動コイル形計器の記号は。	 ∩	 ◉|	 ▶▷	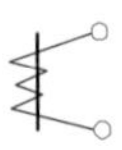 ₹

102

電路の測定 Ⅰ

1. 電圧計，電流計の測定範囲の拡大

　被測定電流や電圧が計器の測定範囲を超える場合は，以下の方法を用いる。

（1）変流器（CT）を用いる交流電流測定

　　測定電流 I＝電流計指示値 × 変流比

　　通電中，二次側を開いてはならない。

　（電流計取りはずしは，cd間短絡後に行う）

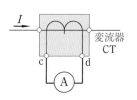

☆参　考☆

変圧器，変流器

　　鉄心に二つの巻線を巻き，

　　電流や電圧を変える。

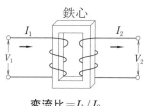

変流比＝I_1/I_2

変圧比＝V_1/V_2

（2）並列抵抗（分流器）を用いる電流測定

　　電流計に，並列抵抗 R_s を接続する。

　　電流計定格 I_a を超える余分な電流を，R_s に分流させる。

$$I_a : (I-I_a) = R_s : r_a$$

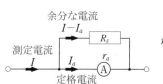

r_a：電流計の内部抵抗

（3）直列抵抗（倍率器）を用いる電圧測定

　　電圧計に，直列抵抗 R_m を接続する。

　　電流計定格 V_v を超える余分な電圧を R_m に分圧させる。

$$V_v : (V-V_v) = r_v : R_m$$

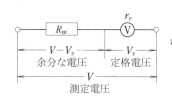

r_v：電圧計の内部抵抗

例1　電流計に組合せて測定範囲を拡大するのに使用するものは。

　イ．変流器　　　ロ．計器用変圧器　　　ハ．倍率器　　　ニ．増幅器

答　ロ，ハは電圧計の拡大

イ

例2　内部抵抗 0.03〔Ω〕，定格電流 10〔A〕の電流計を 40〔A〕まで測定できるようにしたい。適切な分流器の結線方法は。

イ．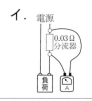　　ロ．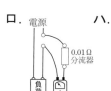　　ハ．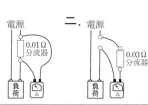　　ニ．

答　R を並列に接続。

ハ

電流計を 0.03〔Ω〕の抵抗として

$R : 0.03 = 10 : 30$

$R = 0.01$〔Ω〕

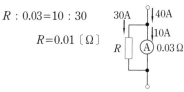

例3　内部抵抗 10〔kΩ〕，定格電圧 150〔V〕の電圧計を 450〔V〕まで測定できるようにしたい。正しい方法は。

イ．　　ロ．　　ハ．　　ニ．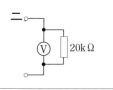

答　R を直列に接続。

ハ

電圧計を 10〔kΩ〕の抵抗として

$10 : R = 150 : 300$

$R = 20$〔kΩ〕

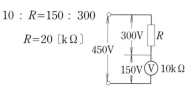

	問	イ	ロ	ハ	ニ
1	変流器（CT）の使用目的で正しいものは。	電流計の測定範囲を大きくする	電圧計の測定範囲を大きくする	接地抵抗計の測定範囲を大きくする	絶縁抵抗計の測定範囲を大きくする
2	図のような変流器の二次側のa−b間に，一般的に接続する回路は。 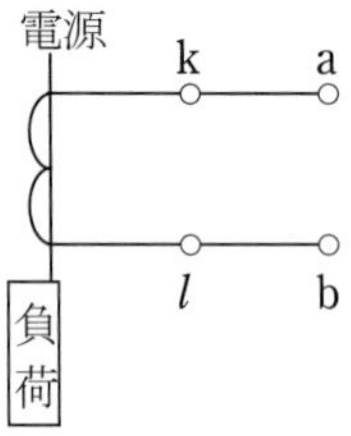 電源 k　a l　b 負荷	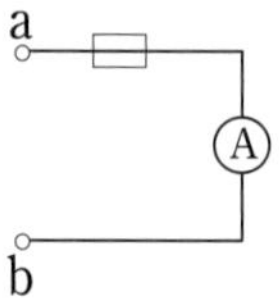 a —[ ]— (A) b	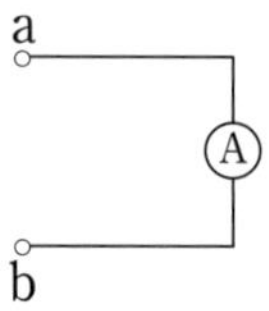 a (A) b	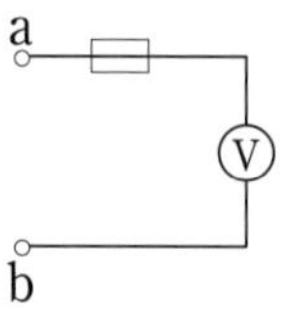 a —[ ]— (V) b	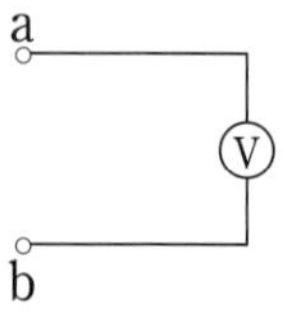 a (V) b
3	変流比100/5の変流器（CT）と電流計を用いて負荷電流を測定したところ，電流計の指示値が4〔A〕であった。 　この場合の負荷電流〔A〕は。	40	60	80	100
4	図のように変流器の二次側に接続された電流計Ⓐを，通電中に取りはずすときの手段で適切な方法は。 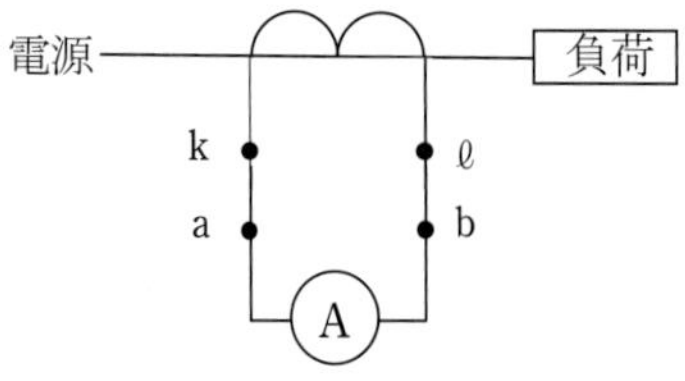 電源——〜〜——負荷 k　l a　b (A)	電流計の端子a，b間を短絡したのち，k，l端子から電流計の接続線をはずす	k，l端子間を短絡したのち，電流計の端子a，bから接続線をはずす	電流計の端子a，bから接続線をはずしたのち，k，l端子間を短絡する	端子k，a間の接続線をはずしたのち，端子l，b間の接続線をはずす

電路の測定　Ⅱ

1. 電圧・電流・電力の測定

（1）　電圧計・電流計・電力計を用いる実測

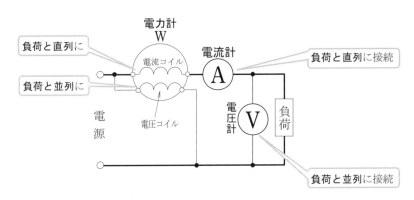

電力計

電流端子 2 個と
電圧端子 2 個
の 4 端子がある。

（2）　電力，力率の算出

$P=VI\cos\theta$　により，

P, V, I, $\cos\theta$ のうち，3 つを実測すれば残る 1 つが算出できる。

2. 電路の対地電圧・線間電圧・中性線電流の測定

単相 2 線式

・接地電路（単相 2 線式の接地側，単相 3 線式の中性線）の対地
電圧は 0 〔V〕

・接地電路には白色電線を用いて他線とは区別する。

V：線間電圧＝非接地側線路の対地電圧

単相 3 線式

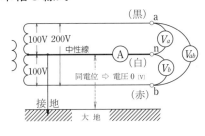

V_a, V_b：100V 回路の線間電圧＝対地電圧

V_{ab}：200V 回路の線間電圧

A：中性線電流

3. 線路電流の測定

・**クランプ形電流計**により線路を切らずに測定できる。

・**負荷電流**と，**もれ電流**の測定ができる。

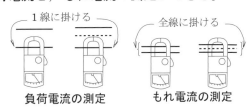

負荷電流の測定　　　もれ電流の測定

クランプメータ

4. 電路の充電の有無の確認

検電器により，電路の充電を確認し，接地と非接地を見分ける。

⇒ ネオン検電器は，対地電圧が生じている充電電路に先端が触れると発光する。

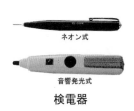

ネオン式

音響発光式

検電器

例1 電圧，電流及び電力を測定する場合の結線で正しいものは。

イ． ロ． ハ． ニ．

答 **イ**　電力計は問題回路中では電流・電圧コイルが記入されない場合が多いので想定して考える。

例2 単相3線式100/200〔V〕回路で，各負荷を使用中の中性線電流と200V回路の電圧を測定したい。電流計Ⓐと電圧計Ⓥの結線で正しいものは。

イ． 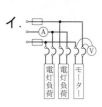　ロ． 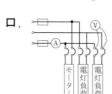　ハ． 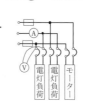　ニ．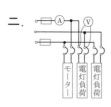

答 **イ**

例3 赤色，白色，黒色の3種の電線を使用した単相3線式100/200〔V〕屋内配線の測定結果で正しいものは。

イ．
赤色線と大地間	200V
白色線と大地間	100V
黒色線と大地間	0V

ロ．
赤色線と黒色線間	200V
白色線と大地間	0V
黒色線と大地間	100V

ハ．
赤色線と白色線間	200V
赤色線と大地間	0V
黒色線と大地間	100V

ニ．
赤色線と黒色線間	100V
赤色線と大地間	0V
黒色線と大地間	200V

答 **ロ**　大地と中性線（白線）は同電位で電圧は0

例4 クランプ形電流計で単相2線式の負荷電流を測定する方法は。

イ． 　ロ． 　ハ． 　ニ．

答 **イ**　1線に掛ける

例5 ネオン式検電気を使用する目的は。

イ．ネオン放電灯の照度を測定する　　ロ．ネオン放電灯回路の導通を調べる
ハ．電路の充電の有無を確認する　　ニ．電路の漏れ電流を測定する

答 **ハ**　充電の有無の確認

	問	イ	ロ	ハ	ニ
1	交流回路で単相負荷の力率を測定する場合，必要な測定器の組合せは。	電圧計 電流計 電力計	周波数計 電圧計 電流計	電力計 周波数計 電流計	電力計 周波数計 電圧計
2	単相3線式回路の漏れ電流の有無をクランプ形漏れ電流計を用い測定する場合，正しい方法は。 なお，- - - -は中性線を示す。				

竣 工 検 査

屋内配線工事が完了したとき，使用開始前に**竣工検査**を行う。

回路計

電圧・電流・抵抗値を測る。

（使い方も出題あり）

検査項目と検査の順序，および使用器具

順序	検 査 項 目	測 定 器 具
①	設備の点検	（目視）
②	絶縁抵抗の測定	絶縁抵抗計（メガー）
③	接地抵抗の測定	接地抵抗計（アーステスタ）
④	導 通 試 験	回路計（テスター）

例 1 一般用電気工作物の低圧屋内配線の竣工検査で一般に行われないものは。

イ．目視点検　　　　　　　　　ロ．接地抵抗測定

ハ．絶縁抵抗測定　　　　　　　ニ．屋内配線導体抵抗測定

答 ニ　導体抵抗測定は不要

例 2 低圧屋内配線工事の竣工検査を行う順序として，最も適切なものは。

イ．	ロ．	ハ．	ニ．
1. 目視点検	1. 絶縁抵抗測定	1. 導通試験	1. 導通試験
2. 絶縁抵抗測定	2. 導通試験	2. 絶縁抵抗測定	2. 絶縁抵抗測定
3. 接地抵抗測定	3. 接地抵抗測定	3. 目視点検	3. 接地抵抗測定
4. 導通試験	4. 目視点検	4. 接地抵抗測定	4. 目視点検

答 イ

例 3 三相 200〔V〕電動機の屋内配線工事の竣工検査に必要な測定器具の組合せとして，正しいものは。

イ．	ロ．	ハ．	ニ．
電圧計 電流計	電圧計 絶縁抵抗計	電流計 接地抵抗計	絶縁抵抗計 接地抵抗計

答 ニ　他に回路計も必要

	問	イ	ロ	ハ	ニ
1	低圧屋内配線の新増設検査のとき，一般に行われる測定及び試験項目として正しいものは。	絶縁耐力試験 接地抵抗測定 導通試験	絶縁抵抗測定 絶縁耐力試験 接地抵抗測定	絶縁抵抗測定 接地抵抗測定 導通試験	絶縁耐力試験 導通試験 絶縁抵抗測定
2	屋内配線の検査を行う場合，器具の使用方法で誤っているものは。	検電器で電流を測定する	メガーで絶縁抵抗を測定する	回路計で導通試験をする	アーステスタで接地抵抗を測定する
3	一般に使用される回路計（テスター）によって測定できないものは。	直流電圧	交流電圧	回路抵抗	漏れ電流

絶縁抵抗の測定

検査・測定 5

屋内配線竣工検査の絶縁抵抗測定は,絶縁抵抗計を用いて**電路と大地間及び電線相互間**を測定する。

1. 絶縁抵抗計

デジタル形とアナログ形があり,内蔵電池により測定直流電圧を発生して測定する。

絶縁抵抗計（アナログ形）

2. 電路と大地間の測定方法

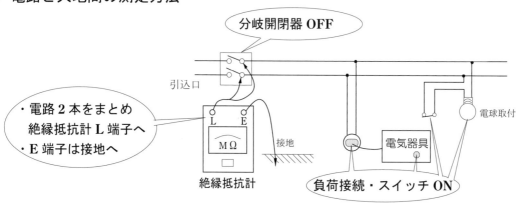

3. 電線相互間の測定方法

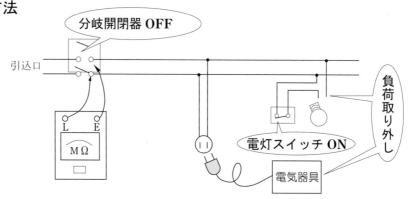

4. 絶縁抵抗の大きさ

電路の電圧により,次の値が必要である。

電路電圧	電路の例	絶縁抵抗値
対地電圧 150〔V〕以下	単相2線式100〔V〕,単相3線式 100/200〔V〕	**0.1〔MΩ〕以上**
使用電圧 300〔V〕以下	三相200〔V〕	**0.2〔MΩ〕以上**
使用電圧 300〔V〕を超過	三相400〔V〕	**0.4〔MΩ〕以上**

（2倍／2倍）

低圧の電路で,絶縁抵抗測定が困難な場合は,漏洩電流を**1〔mA〕**以下に保つ。

108

例1 分岐開閉器を開放状態にして，それ以降の低圧屋内配線の電線相互の絶縁抵抗を測定した。正しい方法は。

イ．電球や負荷の機器類を配線から分離し，開閉器や点滅器類は「切」にして測定

ロ．電球や負荷の機器類を接続し，開閉器や点滅器類は「入」にして測定

ハ．電球や負荷の機器類を配線から分離し，開閉器や点滅器類は「入」にして測定

ニ．電球や負荷の機器類を接続し，開閉器や点滅器類は「切」にして測定

答
ハ

答　負荷をはずし，
ハ　点滅器は「入」

例2 低圧屋内電路と，大地との絶縁抵抗を測定する方法で適切なものは。
ただし，絶縁抵抗計のLは線路端子（ライン），Eは接地端子（アース）を示し，○は電灯，Ⓗは電熱器を表す。

イ．

ロ．

ハ．

ニ．

答　L端子は電路へ
イ　（○とⒽで2本の電路がつながっているので2本まとめなくてもよい），
E端子は接地極へ接続

例3 100/200〔V〕単相3線式の屋内配線の絶縁抵抗値の組合せで，電気設備の技術基準に定められている最小値〔MΩ〕は。

イ．　電路と大地間　0.2
　　　電線相互間　0.2

ロ．　電路と大地間　0.2
　　　電線相互間　0.4

ハ．　電路と大地間　0.1
　　　電線相互間　0.2

ニ．　電路と大地間　0.1
　　　電線相互間　0.1

答　100/200〔V〕単相
ニ　3線式の配線は，対地電圧が150〔V〕以下なので，0.1〔MΩ〕以上

109

	問	イ	ロ	ハ	ニ
1	スイッチ S のところで負荷側電路の絶縁抵抗を測定した。電気設備の技術基準に適合しないものは。	単相3線式 100/200V回路 電源 200V 100V 測定値は 0.15MΩ	三相3線式200V回路 電源 200V 測定値は 0.2MΩ	単相2線式100V回路 電源 100V 測定値は 0.1MΩ	単相2線式200V回路 電源 200V 測定値は 0.15MΩ
2	次表は，電気使用場所の開閉器又は過電流遮断器で区切られる低圧電路の使用電圧と電線相互間及び電路と大地との間の絶縁抵抗の最小値についての表である。 A・B・Cの空欄にあてはまる数値の組合せとして，正しいものは。 電路の使用電圧の区分 / 絶縁抵抗値 300〔V〕以下 / 対地電圧150〔V〕以下の場合 / A 〔MΩ〕 その他の場合 / B 〔MΩ〕 300〔V〕を超えるもの / C 〔MΩ〕	イ A 0.1 B 0.2 C 0.4 ハ A 0.2 B 0.3 C 0.4	ロ A 0.1 B 0.3 C 0.5 ニ A 0.2 B 0.4 C 0.6		
3	低圧三相誘導電動機と大地との絶縁抵抗を測定する方法で適切なものは。 ただし，絶縁抵抗計のLは線路端子（ライン），Eは接地端子（アース）を示す。	電動機 L E	電動機 L E	電動機 L E	電動機 L E
4	低圧屋内配線の絶縁抵抗測定を行いたいが，その電路を停電して測定することが困難なため，漏えい電流により絶縁性能を確認した。「電気設備の技術基準の解釈」に定める絶縁性能を有していると判断できる漏えい電流の最大値〔mA〕は。	0.1	0.2	0.4	1.0
5	絶縁抵抗計（電池内蔵）に関する記述として，誤っているものは。	絶縁抵抗計には，ディジタル形と指針形（アナログ形）がある	絶縁抵抗計の定格測定電圧（出力電圧）は，交流電圧である	絶縁抵抗測定の前には，絶縁抵抗計の電池容量が正常であることを確認する	電子機器が接続された回路の絶縁測定を行う場合は，機器等を損傷させない適正な定格測定電圧を選定する
6	写真に示す測定器の名称は。 MΩ	絶縁抵抗計	漏れ電流計	接地抵抗計	検相器

検査・測定6　接地抵抗の測定・導通試験

接地工事詳細は，第5章　p.86 参照

1. 接地抵抗の測定

（1）接地抵抗計を用いる測定方法

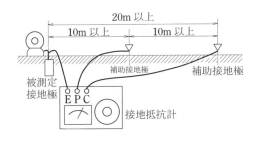

・測定する被接地極から，**直線上に10〔m〕以上**の間隔で補助接地棒を2本打込む。

・**被接地極とE，2つの補助極とP，Cを接続する。**

（接地抵抗計の電池容量を確認後）

・電圧レンジで地電圧が許容値以下を確認。

・接地抵抗レンジで，接地抵抗を直読する。

（2）接地抵抗値と接地線

電路，機器の使用電圧	電路の例	接地の種類	接地抵抗値	接地線直径
300〔V〕超過	三相4線式400〔V〕	C種	10〔Ω〕以下 ※500〔Ω〕以下	1.6〔mm〕以上
300〔V〕以下	単相2線式100〔V〕 単相3線式100/200〔V〕 三相3線式200〔V〕	D種	**100〔Ω〕以下** ※500〔Ω〕以下	**1.6〔mm〕**以上

接地抵抗計

※ 動作時間 **0.5秒以内**の漏電遮断器を取付けるとき

2. 導通試験の目的

① 回路の断線を発見する。　　② 回路接続の正誤を判断する。

例1 接地抵抗を測定する方法で，正しいものは。ただし，(1)は第1補助接地極，(2)は第2補助接地極，(X)は被測定接地極とする。

イ. 　ロ. 　ハ. 　ニ.

答　ニ　(1)はPに，(2)はCに，XはEに接続する

例2 三相200〔V〕，3.7〔kW〕の電動機の鉄台に施設した接地工事の接地抵抗値〔Ω〕を測定し，接地線の太さ〔mm〕を点検した。これらの組合せで正しいものは。電路には漏電遮断器が施設されていない。

イ. 50〔Ω〕
1.2〔mm〕　　ロ. 70〔Ω〕
2.6〔mm〕　　ハ. 150〔Ω〕
1.2〔mm〕　　ニ. 600〔Ω〕
2.6〔mm〕

答　ロ　D種接地で100〔Ω〕以下，1.6〔mm〕以上

例3 電気工事における導通試験の目的として誤っているものは。

イ. 電線の断線を発見する

ロ. 回路の接続の正誤を判断する

ハ. 器具への結線の不完全を発見する

ニ. 接地抵抗を測定する

答　ニ　接地抵抗は接地抵抗計で測定する

	問	イ	ロ	ハ	ニ
1	接地抵抗計を使用して接地抵抗を測定する場合，誤っているものは。	補助接地極は，原則として，2箇所必要である	補助接地極の抵抗値は，できるだけ低いのが望ましい	補助接地極を測定器のE端子に接続した	補助接地棒の打ち込み間隔を10〔m〕とした
2	接地工事を施し，地絡時に0.2秒で電路を遮断する漏電遮断器を取り付けた100〔V〕の自動販売機が屋外に施設してある。接地抵抗値 a〔Ω〕と電路の絶縁抵抗値 b〔MΩ〕の組合せとして，不良なものは。	a 100 b 0.1	a 200 b 0.2	a 300 b 0.4	a 600 b 1.0
3	接地抵抗計（電池式）に関する記述として，誤っているものは。	接地抵抗測定の前には，接地抵抗計の電池容量が正常であることを確認する	接地抵抗測定の前には，端子間を開放して測定し，指示計の零点の調整をする	接地抵抗測定の前には，接地極の地電圧が許容値以下であることを確認する	接地抵抗測定の前には，補助極を適正な位置に配置することが必要である
4	400〔V〕三相誘導電動機の配線の絶縁抵抗値〔MΩ〕及び鉄台の接地抵抗値〔Ω〕を測定した。 電気設備の技術基準に適合するものは。 ただし，400〔V〕電路に施設された漏電遮断器の動作時間は1秒とする。	2.0〔MΩ〕 100〔Ω〕	1.0〔MΩ〕 50〔Ω〕	0.4〔MΩ〕 10〔Ω〕	0.2〔MΩ〕 5〔Ω〕
5	写真に示す測定器の用途は。 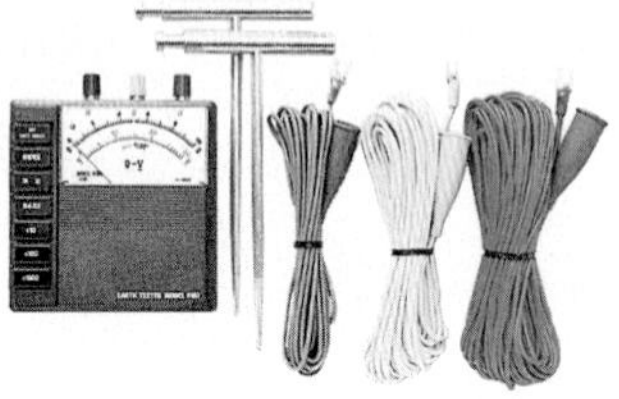 	接地抵抗の測定に用いる	絶縁抵抗の測定に用いる	電気回路の電圧の測定に用いる	周波数の測定に用いる

第8章 配線図

1　配線図による施工と材料

1．図記号による材料の表示

電気工事の基本的な配線方法や材料などは，図記号で表示される。

配線一般

—///—	天井隠ぺい配線（3 本配線）
– – – –	床隠ぺい配線
- - - - - -	露出配線
—·—·—	地中配線
↙ ↗ ↗	引下げ，素通し，立上がり
⏚ E_D	接地極（D 種接地） 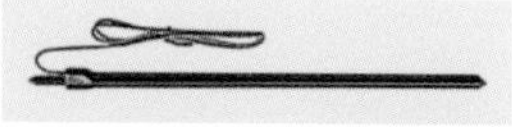
⊠	プルボックス 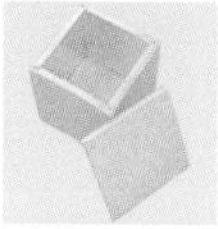

照明器具関連（P. 56 参照）

○	一般照明器具（白熱灯・他）
CL	シーリングライト（天井直付け灯） 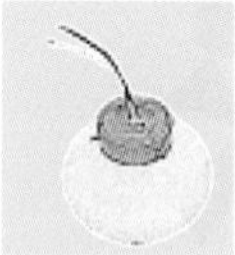
CL F40	天井直付け蛍光灯（蛍光灯 40〔W〕） 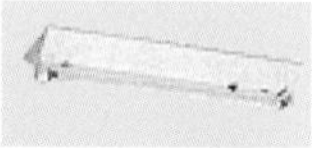
DL	ダウンライト（埋込灯）  
⊖	コードペンダント 
◐ ◐WP	壁付灯 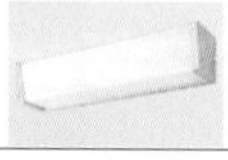 防雨形 
丸形 角形	引掛ローゼット 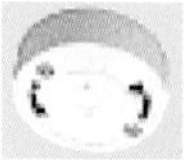 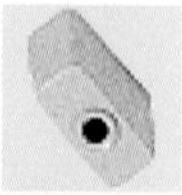
CH	シャンデリア 

H100	屋外灯（100〔W〕水銀灯）（F：蛍光灯　N：ナトリウム灯）
⊗	誘導灯
□ LD	ライティングダクト

点滅器・リモコン関連（P. 55 参照）

● ◆（ワイドハンドル）	一般点滅器 
●3 ●4	3 路点滅器 4 路点滅器 
●L	確認表示灯内蔵 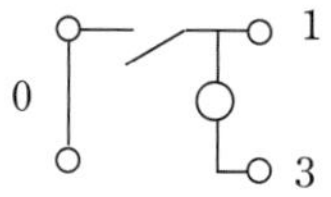 「入」で点灯 
●H	位置表示灯内蔵 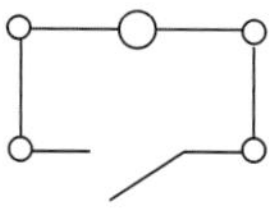 「切」で点灯 
●P	プルスイッチ
●↗	調光器 
●A (3A)	自動点滅器（定格 3〔A〕） 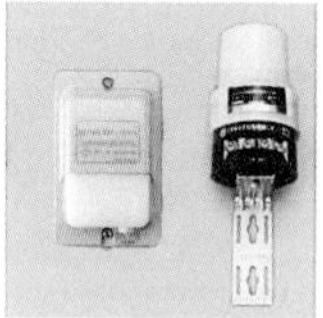
●R	リモコンスイッチ 
⊗	リモコンセレクタスイッチ
▲ ▲▲▲5	リモコンリレー  100V 用  200V 用
(T)R	リモコントランス 

コンセント関連（P.54 参照）

定格 125〔V〕, 15〔A〕はシンボル表示しない

シンボル	名称
コンセント（ワイド形）	コンセント（壁付き）
	（天井付き）
	（二重床用）
	（床付き）
2	（2 口）
20A	（20〔A〕）
	（15/20〔A〕）
E	（接地極付き）
ET	（接地端子付き）
EET	（接地極付 接地端子付き）
EL	（漏電遮断器付き）
250V E	（200〔V〕用）（接地極付き）
20A 250V E	（20〔A〕）（200〔V〕用）（接地極付き）
3P 20A 250V E	（3 相 200〔V〕用）
LK / 2 LK E	（抜止形）
T	（引掛形）
WP / 2 LK EET WP	（防雨形）

機器

シンボル	名称
壁 / 天井付	換気扇（壁付 / 天井付）
RC I	ルームエアコン（屋内ユニット）
RC O	ルームエアコン（屋外ユニット）
M	電動機
	コンデンサ

開閉器（P.54 参照）

シンボル	名称
B	モータブレーカ
S / S 電流計付	開閉器（電磁開閉器）
P	圧力スイッチ
F	フロートスイッチ
LF	フロートレス スイッチ電極
B / BL 確認表示灯付	電磁開閉器用押しボタン
TS	タイムスイッチ

呼び出し設備

シンボル	名称
	押しボタンスイッチ（チャイム・ブザー等用）
♪	チャイム
	ブザー
T	小形変圧器

漏電ブレーカ

確認表示灯

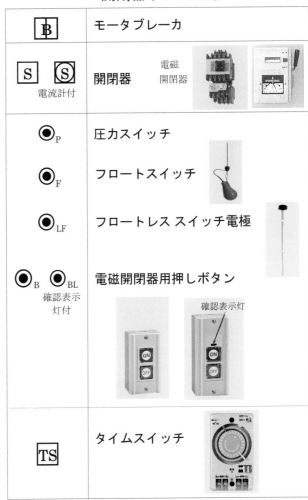

2．ケーブル工事

ⓐ〜ⓘ：図記号の表示材料

①〜⑨：併用する材料

隠ぺい配線工事

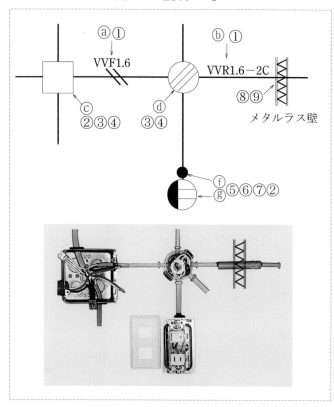

露出配線工事

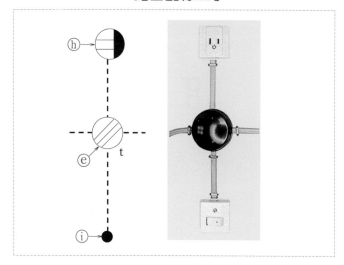

	使 用 材 料
メタルラス壁 貫　通	⑧合成樹脂管 ⑨鉄バインド線 （管の移動止め）

3. 電線管工事

ⓙ ～ⓠ ：図記号の表示材料　　　⑩～⑲ ：併用する材料

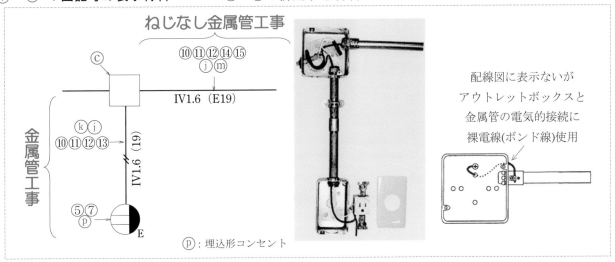

ねじなし金属管工事

ⓒ

⑩⑪⑫⑭⑮
ⓙⓜ

IV1.6（E19）

金属管工事

ⓚ ⓙ
⑩⑪⑫⑬

IV1.6（19）

⑤⑦
ⓟ

E

配線図に表示ないが
アウトレットボックスと
金属管の電気的接続に
裸電線(ボンド線)使用

ⓟ：埋込形コンセント

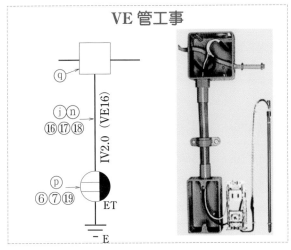

VE 管工事

ⓠ

ⓙⓝ
⑯⑰⑱

IV2.0（VE16）

ⓟ
⑥⑦⑲

ET

E

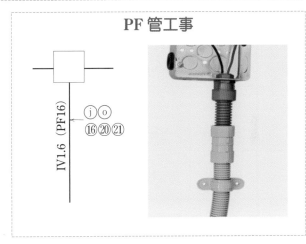

PF 管工事

（PF16）
ⓙⓞ
⑯⑳㉑

IV1.6（PF16）

図記号	図記号の材料	併用する材料		
IV1.6（19）	ⓙ IV 線 1.6mm 2 本入線 ⓚ 金属管　外径 19mm	⑬カップリング 管長 3.6 m 超過で使用	⑩サドル ⑪ロックナット	
（E19）	ⓜ ねじなし金属管 外径 19mm	⑭ねじなしカップリング　⑮ねじなしボックス コネクタ 3.6m 超過で使用	⑫絶縁ブッシング	
（VE16）	ⓝ VE 管　内径 16mm	⑯樹脂製サドル　⑰ボックスコネクタ	⑱TS カップリング 3.6m 超過で使用	ⓠアウトレット ボックス ⑲スイッチボッ クスは，**樹脂 製**を使用。
（PF16）	ⓞPF 管　内径 16mm (合成樹脂製可とう 電線管)	⑳ボックスコネクタ　　㉑PF カップリング	⑯樹脂製サドル	

(FEP)	波付硬質合成樹脂管	
(CD)	合成樹脂製可とう電線管 ※	コンクリートに埋設
(F2)	二種金属製可とう電線管 （プリカチューブ）	

※ 合成樹脂製可とう電線管には，PF管とCD管がある。

4. 電線接続材料の選定 （P.53, 67 参照）

接続ボックスにおける電線の接続方法により，接続器具を選定する。

イ．リングスリーブによる圧着接続

使用するスリーブの種別と圧着工具歯（刻印）は，電線組合せにより，選定する。

電線圧着接続の使用リングスリーブ種別と圧着刻印 （例）

呼び スリーブ種別 （圧着刻印）	電線組合せ			
	同一の場合			異なる場合の例
	1.6〔mm〕	2.0〔mm〕	2.6〔mm〕 5.5〔mm²〕	
小（○）	2本			
小（小）	3〜4本	2本		2.0〔mm〕1本と1.6〔mm〕1〜2本
中（中）	5〜6本	3〜4本	2本	2.0〔mm〕1本と1.6〔mm〕3〜5本 2.0〔mm〕2本と1.6〔mm〕1〜3本
大（大）	上記を超える電線組合せ			

刻印（小）

1.6mm×3　スリーブ小

ロ．差込形コネクタによる接続

差込形コネクタの種別は，接続本数にあったものを使用する。

ハ．電線の直接接続においては，接続器具は不要。

3本用

5. 受電と分電盤

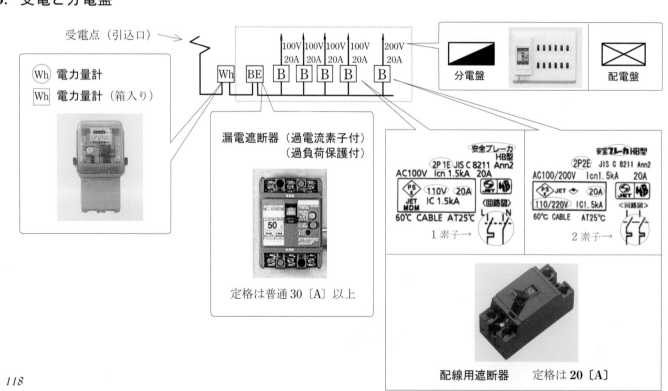

受電点（引込口）

100V 100V 100V 100V 200V
20A 20A 20A 20A 20A

Wh BE B B B B B

Wh 電力量計
Wh 電力量計（箱入り）

分電盤　　配電盤

漏電遮断器 （過電流素子付）
（過負荷保護付）

50

定格は普通 30〔A〕以上

安全ブレーカ HB型
2P 1E JIS C 8211 Ann2
AC100V Icn 1.5kA 20A
110V 20A
JET IC 1.5kA
MDM
60℃ CABLE AT25℃
1素子→

安全ブレーカ HB型
2P2E JIS C 8211 Ann2
AC100/200V Icn1.5kA 20A
110/220V IC1.5kA
60℃ CABLE AT25℃
2素子→

配線用遮断器　　定格は 20〔A〕

2 使用工具のまとめ

1. 各種工事に共通した電線接続・結線作業に使用する工具

ペンチ（電線接続），ドライバー（器具取付），ナイフ（被覆処理），

圧着工具 ┌ リングスリーブによる電線相互の接続 ——— 持ち手が黄色
　　　　　└ 圧着端子と電線の接続 ——— 持ち手が赤色

2. 特定の工事種別・作業で使用する工具　　　　　　　　　　　　※条件付使用

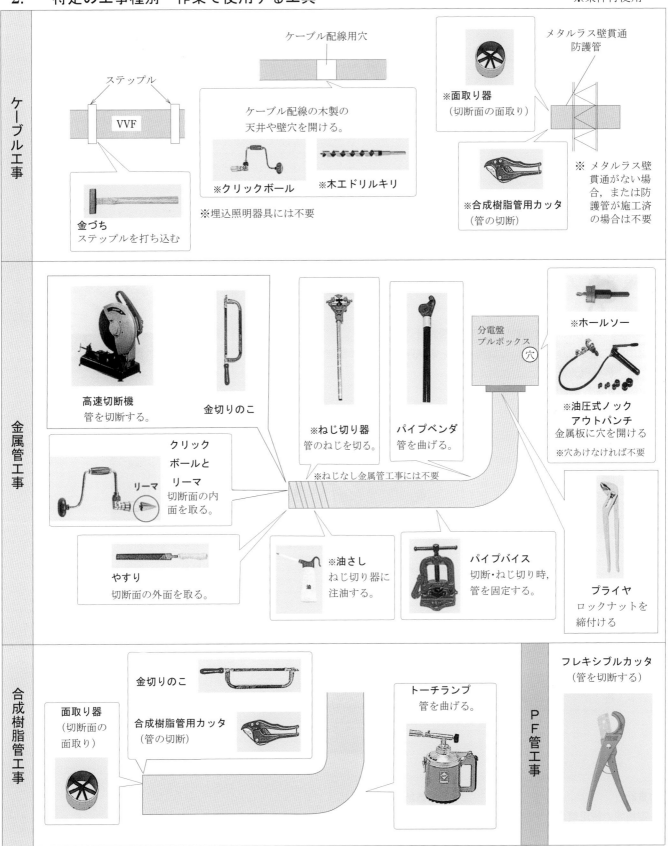

ケーブル工事

ケーブル配線用穴

ステップル

VVF

ケーブル配線の木製の天井や壁穴を開ける。

※クリックボール　　※木工ドリルキリ

※埋込照明器具には不要

金づち　ステップルを打ち込む

※面取り器（切断面の面取り）

※合成樹脂管用カッタ（管の切断）

メタルラス壁貫通防護管

※ メタルラス壁貫通がない場合，または防護管が施工済の場合は不要

金属管工事

高速切断機　管を切断する。

金切りのこ

クリックボールとリーマ

リーマ　切断面の内面を取る。

やすり　切断面の外面を取る。

※油さし　ねじ切り器に注油する。

※ねじ切り器　管のねじを切る。

パイプベンダ　管を曲げる。

※ねじなし金属管工事には不要

パイプバイス　切断・ねじ切り時，管を固定する。

分電盤プルボックス　穴

※ホールソー

※油圧式ノックアウトパンチ　金属板に穴を開ける

※穴あけなければ不要

プライヤ　ロックナットを締付ける

合成樹脂管工事

金切りのこ

面取り器（切断面の面取り）

合成樹脂管用カッタ（管の切断）

トーチランプ　管を曲げる。

PF管工事

フレキシブルカッタ（管を切断する）

119

3 計測器類一覧

工事施工後の各種試験や計測に使用される主な計測器類

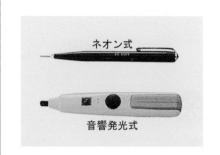

検電器

電路の電圧（充電）の有無を調べる。

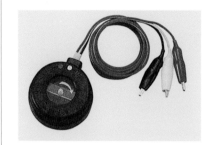

検相器（相回転計）

三相交流電路の相順（相回転）を調べる。

照度計

受光面の明るさ（照度）を測る。

クランプメータ（携帯用電流計）

通電中の電路を切り離さないで電流を測定する。漏れ電流の測定にも使用。

回路計（テスター）

電気回路の電圧，電流，抵抗値を測る。

接地抵抗計

接地極の接地抵抗値を測る。

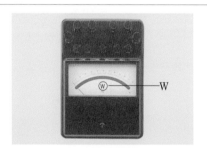

電力計

負荷の電力を測定する。

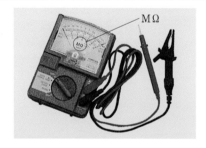

絶縁抵抗計（メガ）

電路の絶縁抵抗を測る。

回転計

電動機など回転体の回転数を測る。

電力量計

一定期間の使用電力量を測定する。

周波数計

商用交流の周波数を測定する。

4 複線図の作成

　地図上における鉄道は 1 本（単線）で表示されるが，実際は 2 本のレールであるのと同様に，屋内配線は，配線図上では一般に単線図で表示され，実際の工事は複数の電線で配線される。施工にあたっては，まず単線図から**複線図**を作らなければならない。

1. 複線図の作り方の基本

（1）　単線を複線に
　単線図で 1 本線で示される電源から負荷への電路は，複線図では，**往復の 2 本線**となる。

（2）　極性の識別
　一般住宅が受電する商用電源は，1 線が接地されていて，他側と区別されている。
　屋内配線では，**接地側は白色の電線，非接地側は黒色等の電線**，を使用して識別する。

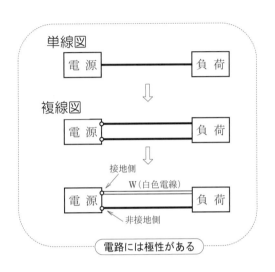

電路には極性がある

（3）　接地側電路は，すべての負荷に直接接続する。
　途中，スイッチを入れてはいけない。

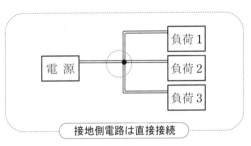

接地側電路は直接接続

（4）　スイッチ（点滅器）の接続
　スイッチは，**非接地側電路**に入れる。

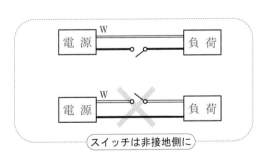

スイッチは非接地側に

（5）　電線相互の接続
　電線相互の接続は，**接続箱**（ジョイントボックス，アウトレットボックス等）**中で接続する。**

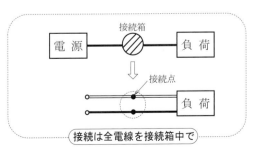

接続は全電線を接続箱中で

2. 基本回路の作成手順

コンセント回路

例1

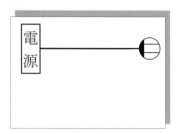

手順 *1*

電源とコンセントを
配置

手順 *2*

電源からコンセントに
接地側白線を引く。

手順 *3*

非接地側黒線を引く。

例2

手順 *1*

器具を配置。ジョイント
ボックス（接続箱）は大
きめの円を書く。

手順 *2*

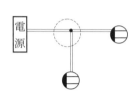

接地側白線を引く。
接続点 ・ を入れる。

手順 *3*

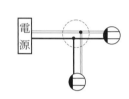

非接地側黒線を引く。
接続点 ・ を入れる。

電灯点滅回路

例

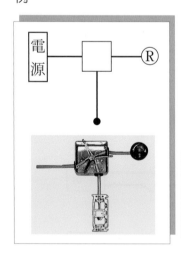

手順 *1*

器具を配置

手順 *2*

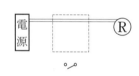

白線を電源から電灯に
引く。

手順 *3*

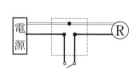

黒線を電源から点滅器を
経て電灯Ⓡに接続する。

練習 1 単線図を，複線図にしなさい。

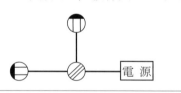

練習 2

コンセント＋電灯点滅回路

例1

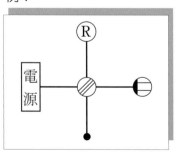

手順 *1*

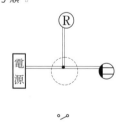

白線を全ての負荷
に引く

手順 *2*

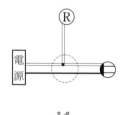

黒線をコンセント
に引く

手順 *3*

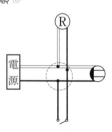

黒線を点滅器を経
て電灯に引く。

例 2

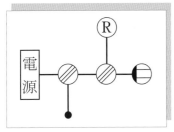

手順 1
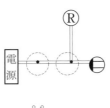

手順 2
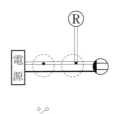

手順 3
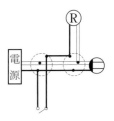

例 3

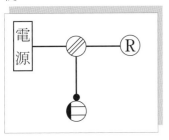

手順 1
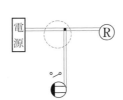

手順 2
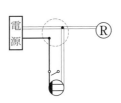

手順 3
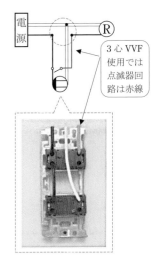

3 心 VVF
使用では
点滅器回
路は赤線

表示灯内蔵点滅器回路

例 1

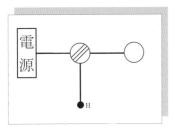

手順 1
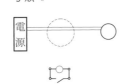

手順 2
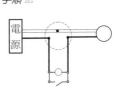

例 2

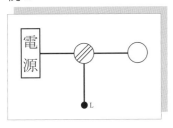

手順 1
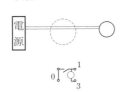

手順 2
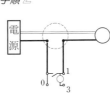

手順 3

負荷と
表示灯
が並列

練習 3
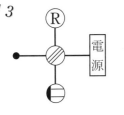

練習 4
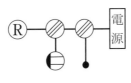
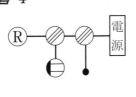

練習 5
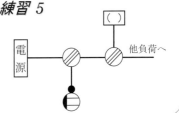
他負荷へ

〜〜〜〜〜 練習問題　解答 〜〜〜〜〜

1
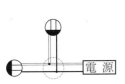

2

3

4
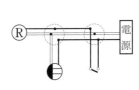

5
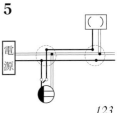

3路点滅回路

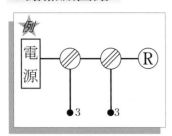

電灯を2か所で点滅する回路。
3路点滅器を2個使用。

手順1

電源と負荷を白線
で接続

手順2
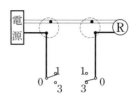

・電源側3路スイッチ0
と電源を黒線で接続
・負荷側3路スイッチ0
と負荷を黒線で接続

手順3
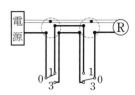

両側の3路スイッチ
1−1, 3−3間を接続

── 3路スイッチ ──

0, 1, 3の電極があ
り, 0−1と, 0−3を
切り替える。

練習6

次の単線図を,複線図
にしなさい。

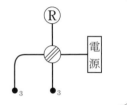

2灯点滅回路

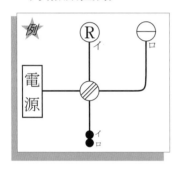

手順1

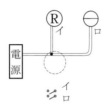

手順2
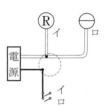

手順3
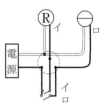

2灯同時点滅回路

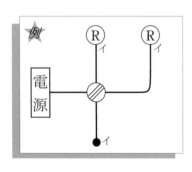

手順1
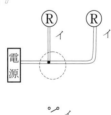

手順2
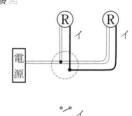

手順3
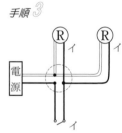

2灯並列に接続

練習7 次の単線図を,
複線図にしなさい。

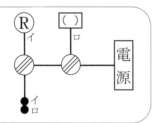

練習8 次の単線図を,
複線図にしなさい。

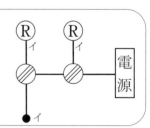

───〜〜〜─── 練習問題　解答 ───〜〜〜───

6
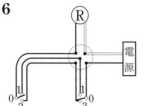

7
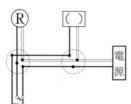

8
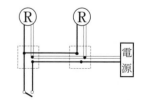

3. 複線図の作成練習

例　次の単線図による屋内配線図を複線図に直しなさい。

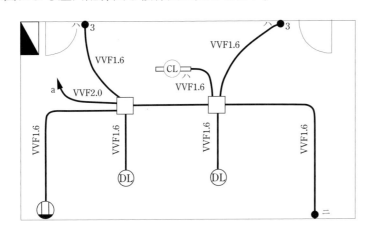

（注）図中，a は分電盤分岐回路に接続。

手順1　電源から白線を，全ての
負荷（コンセント，電灯）
に接続

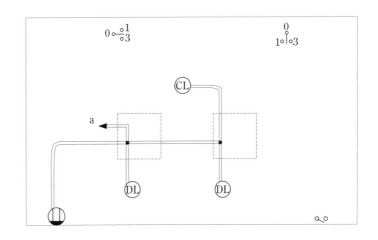

手順2　電源からの黒線を，全て
のコンセントに接続

手順3　電源から黒線を，全ての
点滅器（3路点滅器は一
方の0端子）に接続

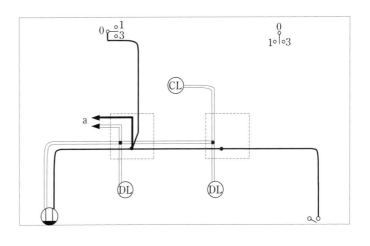

手順4　電灯と点滅器（3路点滅器
は他方の0端子）間を接続
複数灯同時点滅の電灯は，
全て並列接続して点滅器と
接続

手順5　3路点滅器間（1-1, 3-3）
を接続

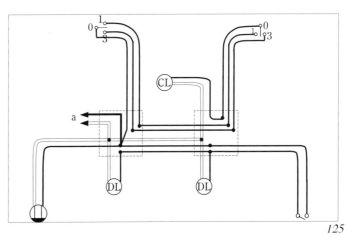

4. 複線図関連問題

例　下に示す配線図より，問の答えを選びなさい。

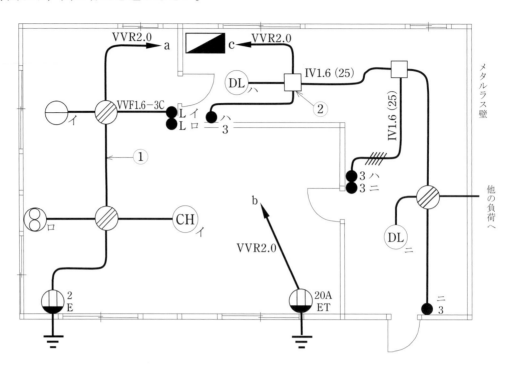

	問	イ	ロ	ハ	ニ
1	①で示す部分の最小電線本数は。	3本	4本	5本	6本
2	②で示すボックスを圧着接続する場合に使用するリングスリーブの種類と個数は。	小：4個	小：5個	小：6個	小：4個 中：1個

☆　解　答　★

1. ロ　　4本

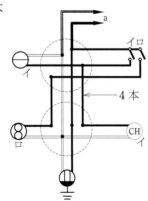

2. ロ　　小：5個　p.118参照　1.6mm×2本 → 小
　　　　　　　　　　　　　　　1.6mm×1本＋2.0mm×1本→ 小
　　　　　　　　　　　　　　　1.6mm×2本＋2.0mm×1本→ 小

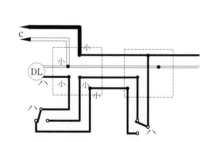

練習問題 下図配線に関して，問の答を選べ。

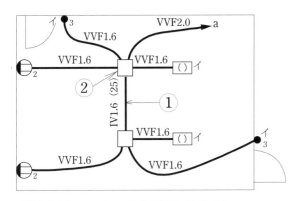

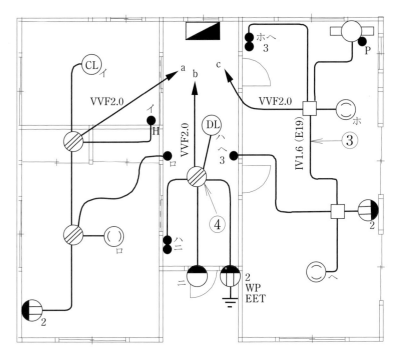

（注）図中，a，b，cは分電盤に結線する。

	問	イ	ロ	ハ	ニ
1	①で示す部分の最小電線本数は。	3本	4本	5本	6本
2	②で示すボックスを圧着接続する場合に使用するリングスリーブの種類と個数は。	小：5個	小：6個	小：5個 中：1個	小：3個 中：2個
3	③で示す部分の最小電線本数は。	3本	4本	5本	6本
4	④で示すボックスを圧着接続する場合に使用するリングスリーブの種類と個数は。	小：4個	小：5個	小：2個 中：2個	小：3個 中：1個

☆ ・ 解 答 ★ ☆

1. ハ　5本

2. ニ　小3個，中2個
　　選択肢にはないが，小4個，中1個でも可

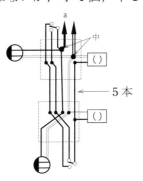

3. ロ　4本

4. ニ　小3個，中1個

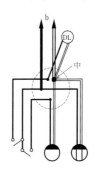

5 出題ポイント

幹線に**過電流素子付き漏電遮断器**を取り付ける
(引込開閉器・過電流遮断器・漏電遮断器を兼ねる)
過電流と地絡電流を遮断する
図記号は、 $\boxed{\text{E}}$ に傍記○○AF、または $\boxed{\text{BE}}$

引込線　(p.81 参照)

電線の太さ…**2.6**〔mm〕以上
　　　　径間が **15**〔m〕以下の場合 **2.0**〔mm〕以上

取付点の高さ…地上 **2.5**〔m〕以上

木造家屋の屋側配線は、がいし引き工事、合成樹脂管工事、ケーブル工事(金属皮を除く)により施工。金属管工事、金属皮ケーブルなどは施工禁止。(p.81 参照)

接地工事　(p.86 参照)

接地種別…**D 種接地工事**

接地抵抗値
分電盤中の漏電遮断器の感度が
・動作時間 **0.5** 秒以下　⇒ **500**〔Ω〕以下
・動作時間 **0.5** 秒を超過 ⇒ **100**〔Ω〕以下

接地線の太さ…直径**1.6**〔mm〕以上

深夜電力温水器
専用の回路

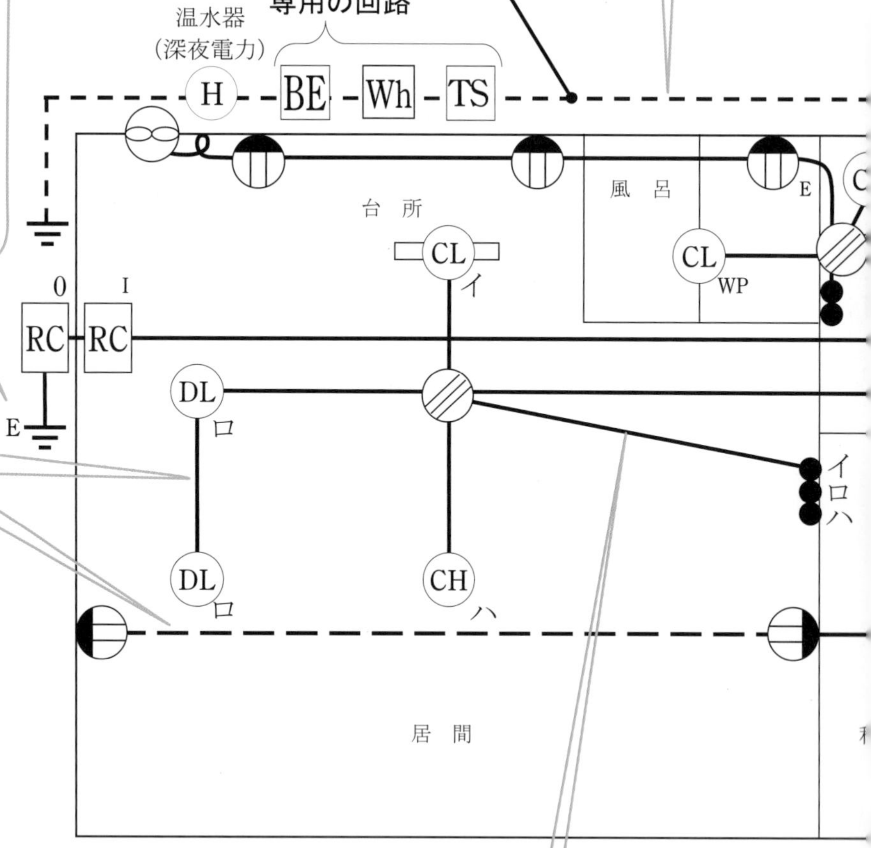

温水器
(深夜電力)

$\boxed{\text{H}}$ — $\boxed{\text{BE}}$ — $\boxed{\text{Wh}}$ — $\boxed{\text{TS}}$

台 所

CL イ

風 呂

CL WP

E

0　I

RC　RC

E

DL ロ

DL ロ

CH ハ

イ
ロ
ハ

配線種別

— — — — — ：床隠ぺい

─────── ：天井隠ぺい

- - - - - - - ：露　出

—・—・—・— ：地中埋設

居 間

電線条数

単線図を複線図に直した後、求める

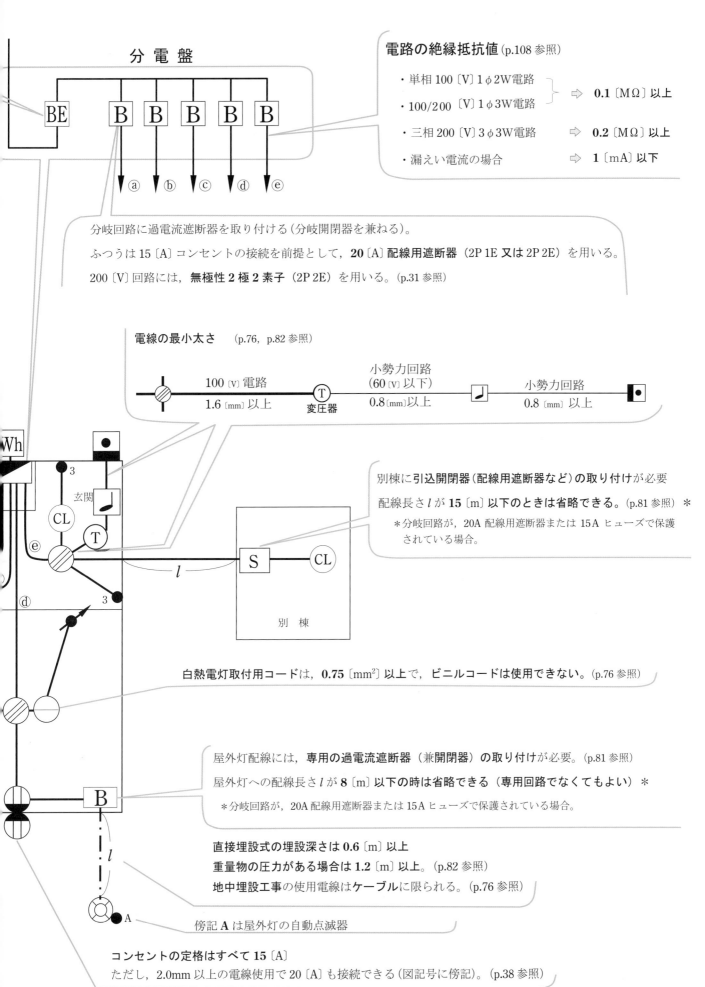

分 電 盤

BE   B   B   B   B   B

ⓐ ⓑ ⓒ ⓓ ⓔ

電路の絶縁抵抗値 (p.108 参照)

・単相 100〔V〕1φ2W電路
・100/200〔V〕1φ3W電路 ⇨ **0.1〔MΩ〕以上**

・三相 200〔V〕3φ3W電路 ⇨ **0.2〔MΩ〕以上**

・漏えい電流の場合 ⇨ **1〔mA〕以下**

分岐回路に過電流遮断器を取り付ける(分岐開閉器を兼ねる)。

ふつうは 15〔A〕コンセントの接続を前提として，**20〔A〕配線用遮断器（2P 1E 又は 2P 2E）**を用いる。

200〔V〕回路には，**無極性2極2素子（2P 2E）**を用いる。(p.31 参照)

電線の最小太さ (p.76, p.82 参照)

100〔v〕電路   小勢力回路 (60〔v〕以下)   小勢力回路
1.6〔mm〕以上 変圧器 0.8〔mm〕以上   0.8〔mm〕以上

玄関

Wh CL T ⓔ ⓓ

別棟に引込開閉器（配線用遮断器など）の取り付けが必要

配線長さ *l* が **15〔m〕**以下のときは省略できる。(p.81 参照) ＊

＊分岐回路が，20A 配線用遮断器または 15A ヒューズで保護
　されている場合。

S CL

l

別　棟

白熱電灯取付用コードは，**0.75〔mm²〕**以上で，ビニルコードは使用できない。(p.76 参照)

屋外灯配線には，**専用の過電流遮断器（兼開閉器）**の取り付けが必要。(p.81 参照)

屋外灯への配線長さ *l* が **8〔m〕**以下の時は省略できる（専用回路でなくてもよい）＊

＊分岐回路が，20A 配線用遮断器または 15A ヒューズで保護されている場合。

B

l

直接埋設式の埋設深さは **0.6〔m〕**以上
重量物の圧力がある場合は **1.2〔m〕**以上。(p.82 参照)
地中埋設工事の使用電線は**ケーブル**に限られる。(p.76 参照)

A

傍記 **A** は屋外灯の自動点滅器

コンセントの定格はすべて 15〔A〕
ただし，2.0mm 以上の電線使用で 20〔A〕も接続できる（図記号に傍記）。(p.38 参照)

図は，鉄筋コンクリート造の集合住宅共用部の部分的な配線図である。この図に関する次の各問いには4通りの答え(イ，ロ，ハ，ニ)が書いてある。それぞれの問いに対して，答えを1つ選びなさい。

〔注意〕 1. 屋内配線の工事は，動力回路及び特記のある場合を除き600Vビニル絶縁ビニルシースケーブル平形（VVF）を用いたケーブル工事である。
 2. 屋内配線等の電線の本数，電線の太さ，その他，問いに直接関係ない部分等は省略又は簡略化してある。
 3. 漏電遮断器は，定格感度電流30 mA，動作時間0.1秒以内のものを使用している。
 4. 選択肢の写真にあるコンセント及び点滅器は，「JIS C 0303：2000 構内電気設備の配線用図記号」で示す「一般形」である。
 5. 配電盤，分電盤及び制御盤の外箱は金属製である。
 6. ジョイントボックスを経由する電線は，すべて接続箇所を設けている。
 7. 3路スイッチの記号「0」の端子には，電源側又は負荷側の電線を結線する。

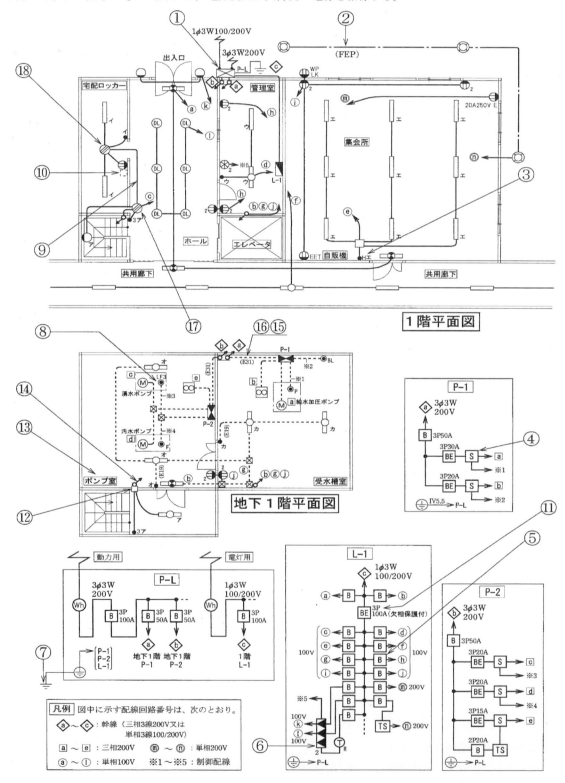

問	イ	ロ	ハ	ニ
1 ①で示す引込線取付点の高さの最低値〔m〕は。 ただし，引込線は道路を横断せず，技術上やむを得ない場合で，交通に支障がないものとする。	2	2.5	3	4
2 ②で示す配線工事に**使用できない**電線の記号(種類)は。	VVF	VVR	IV	CV
3 ③で示す図記号の器具の種類は。	熱線式自動スイッチ	遅延スイッチ	確認表示灯を内蔵する点滅器	位置表示灯を内蔵する点滅器
4 ④で示す図記号の機器は。	電流計付箱開閉器	電動機の力率を改善する低圧進相用コンデンサ	制御配線の信号により動作する開閉器(電磁開閉器)	電動機の始動装置
5 ⑤で示す機器の定格電流の最大値〔A〕は。	15	20	25	30
6 ⑥で示す図記号の器具の名称は。	リモコンリレー	リモコンセレクタスイッチ	火災表示灯	漏電警報器
7 ⑦で示す部分の接地工事における接地抵抗の許容される最大値〔Ω〕は。	10	100	300	500
8 ⑧で示す図記号の器具の名称は。	電磁開閉器用押しボタン	フロートスイッチ	圧力スイッチ	フロートレススイッチ電極
9 ⑨で示す部分の最少電線本数(心線数)は。	2	3	4	5
10 ⑩で示す部分は引掛形のコンセントである。その図記号の傍記表示は。	T	LK	EL	H

☆ 解 答 ☆

1. ロ （P.81，P.128 参照）

2. ハ 地中配線はケーブル使用 （P.28，P.76，P.82，P.129 参照）

3. ニ 位置表示灯内蔵 （P.114 参照）

4. ハ 電磁開閉器 （P.115 参照）

5. ロ 20A （P.38，P.129 参照）

6. イ リモコンリレー （P.55，P.114 参照）

7. ロ 100〔Ω〕（P.86，P.111，P.128 参照）

8. ニ フロートレススイッチ （P.115 参照）

9. イ 2本（右複線図参照）

10. イ T （P.115 参照）

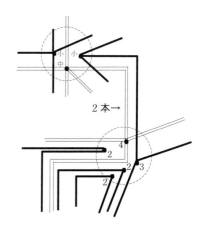

問	イ	ロ	ハ	ニ
11 ⑪で示す図記号の器具は。	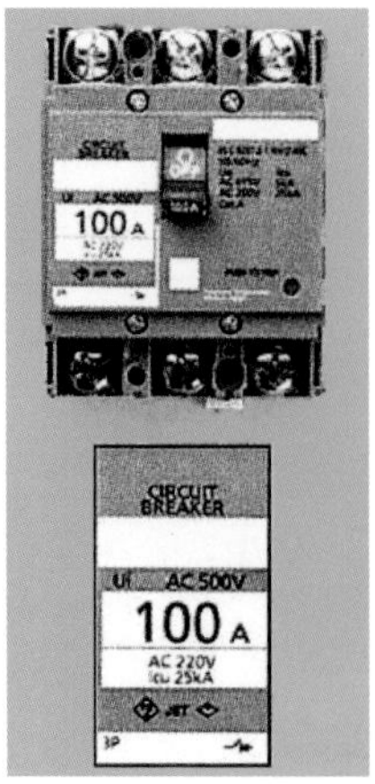	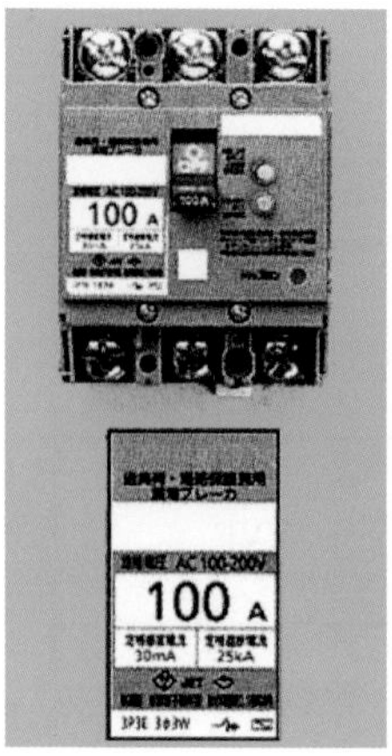	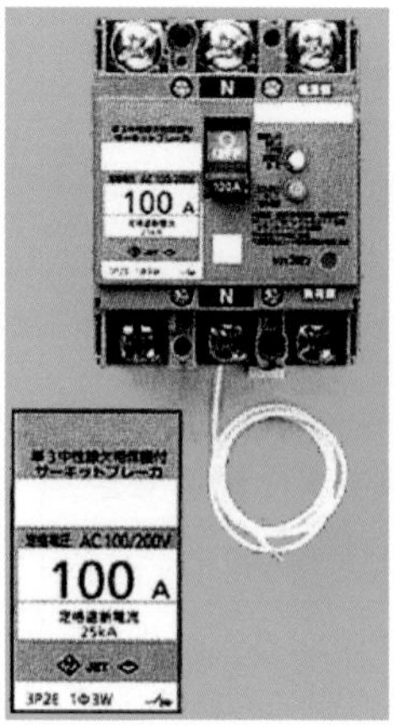	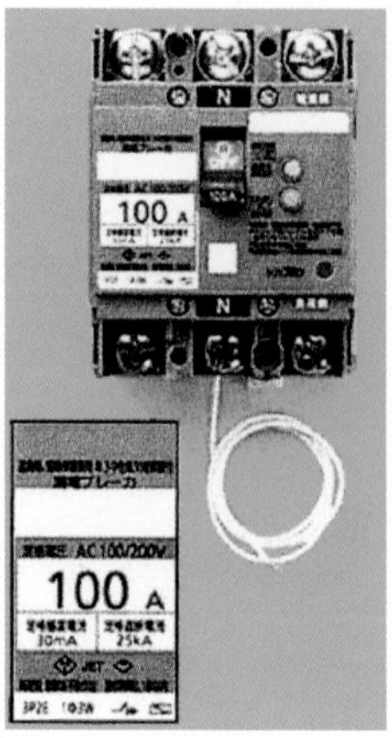
12 ⑫で示すボックス内の接続をすべて圧着接続とする場合，使用するリングスリーブの種類と最少個数の組合せで，正しいものは。 ただし，使用する電線はすべてVVF1.6とし，地下1階へ至る配線の電線本数(心線数)は最少とする。	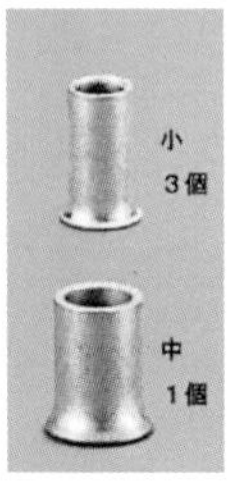 小 3個 中 1個	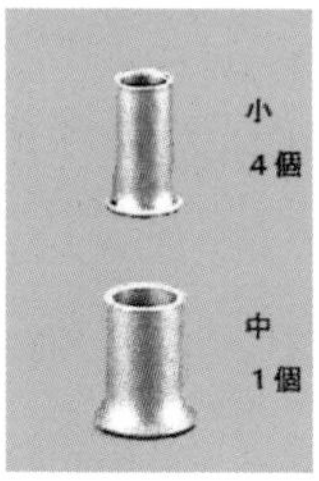 小 4個 中 1個	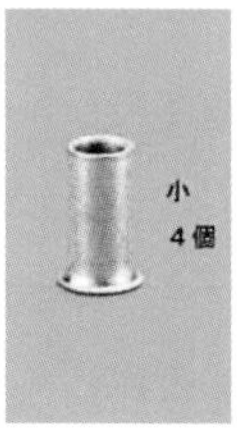 小 4個	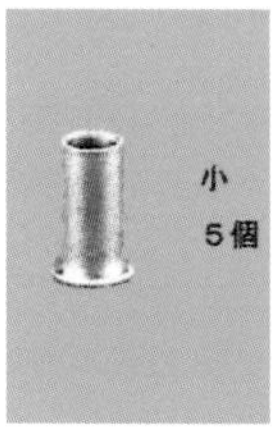 小 5個
13 ⑬で示す地下1階のポンプ室内で使用されていないものは。				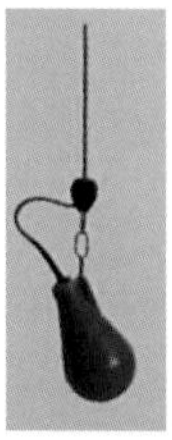
14 ⑭で示す部分の配線工事に必要なケーブルは。 ただし，心線数は最少とする。	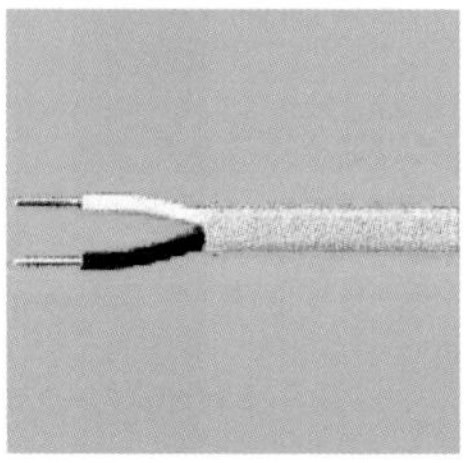	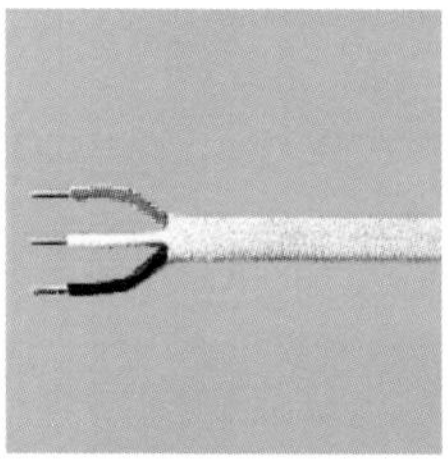	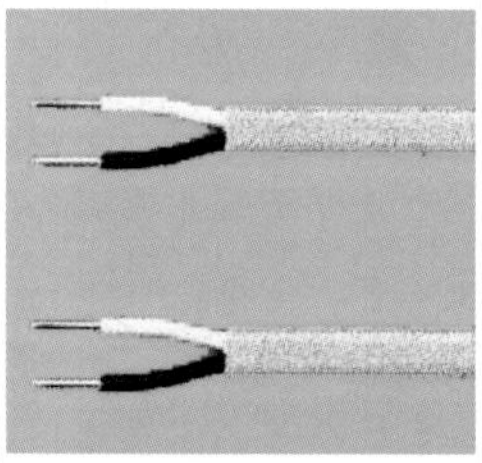	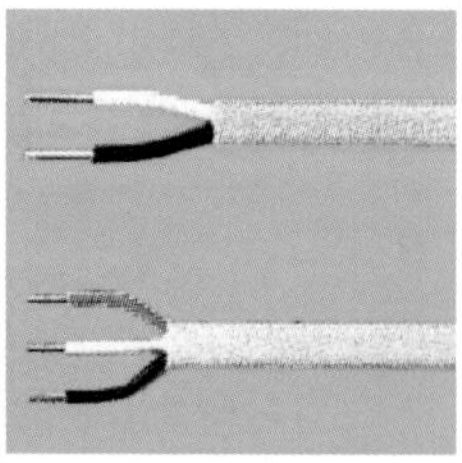
15 ⑮で示す部分の工事で，一般的に使用されることのないものは。		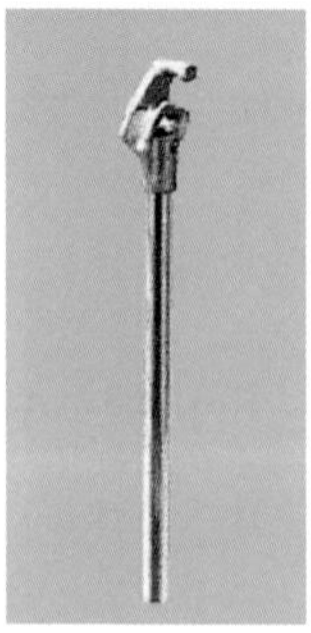	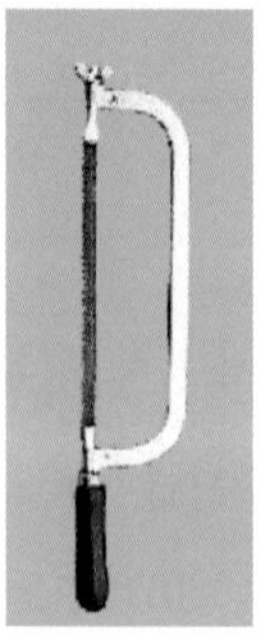	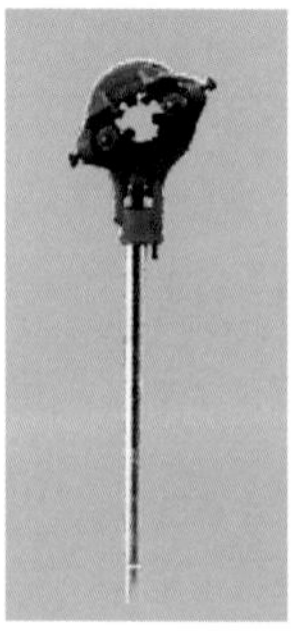
16 ⑯で示す部分の工事で，一般的に使用されることのないものは。		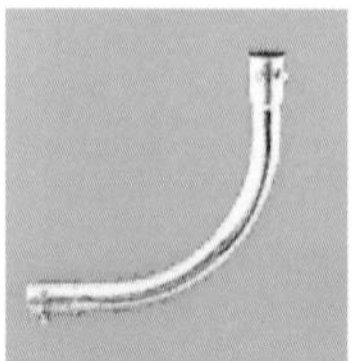		

	問	イ	ロ	ハ	ニ
17	⑰で示す VVF 用ジョイントボックス内の接続をすべて差込形コネクタとする場合，使用する差込形コネクタの種類と最少個数の組合せで**正しいもの**は。 ただし，使用する電線はすべて VVF1.6 として地下 1 階に至る配線の電線本数（心線数）は最少とする。	 3個 3個	 2個 3個	 3個 1個 1個	 3個 2個 1個
18	⑱で示すボックス内の接続をリングスリーブで圧着接続した場合のリングスリーブの種類，個数及び圧着接続後の刻印との組合せで，**正しいもの**は。 ただし，使用する電線はすべて VVF1.6 とする。 また，写真に示すリングスリーブ中央の〇，小，中は刻印を表す。	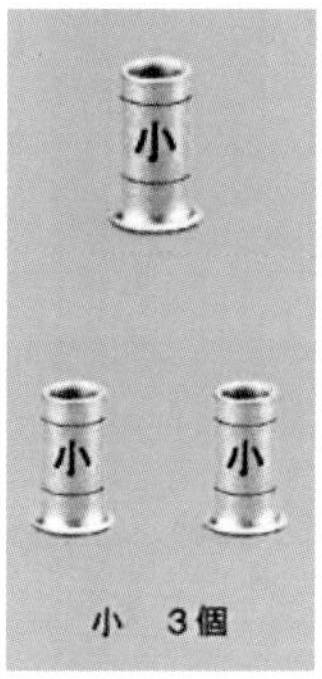 小 小　　小 小　3個	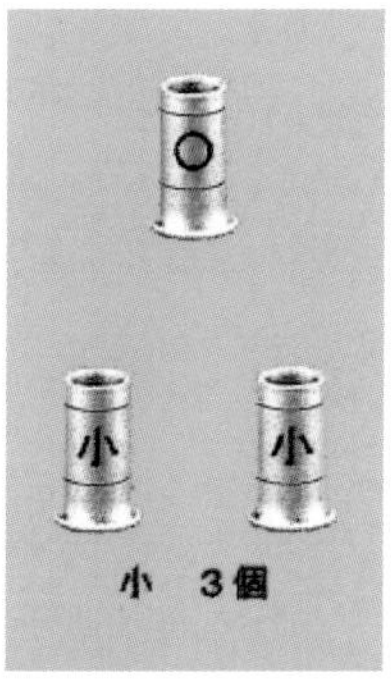 〇 小　　小 小　3個	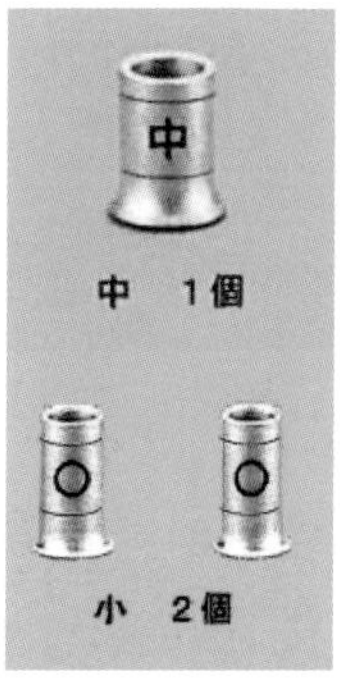 中 中　1個 〇　　〇 小　2個	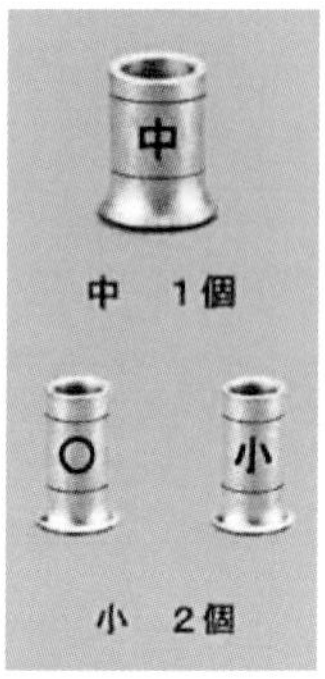 中 中　1個 〇　　小 小　2個
19	この配線図の図記号から，この工事で**使用されている**コンセントは。	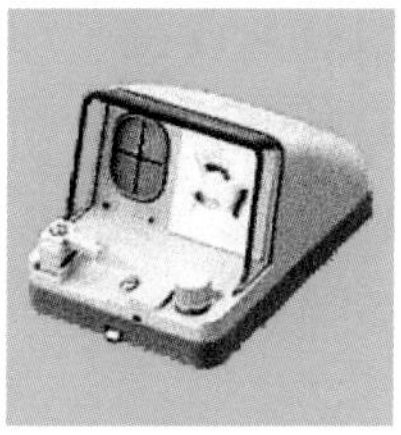	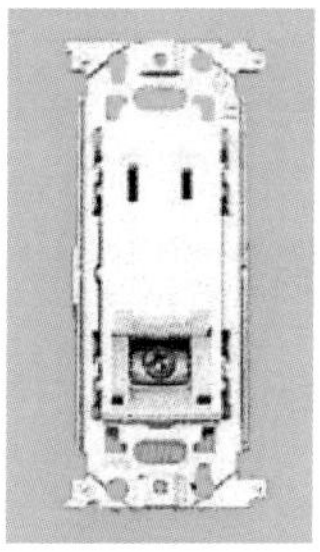		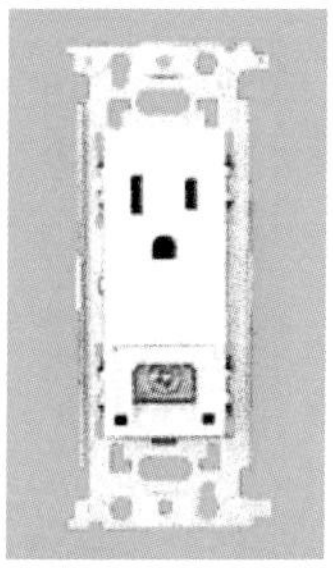
20	この配線図の図記号から，この工事で**使用されていない**スイッチは。 ただし，写真下の図は，接点の構成を示す。	 ON OFF	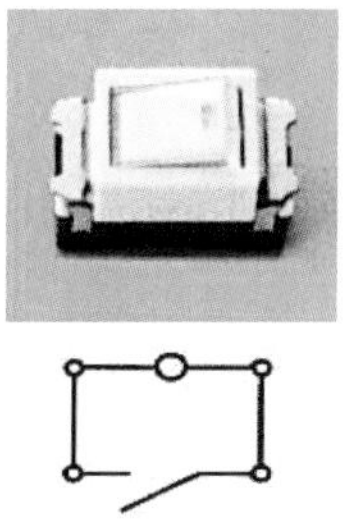	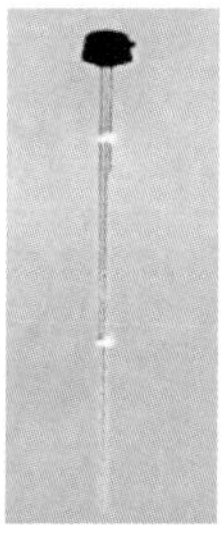	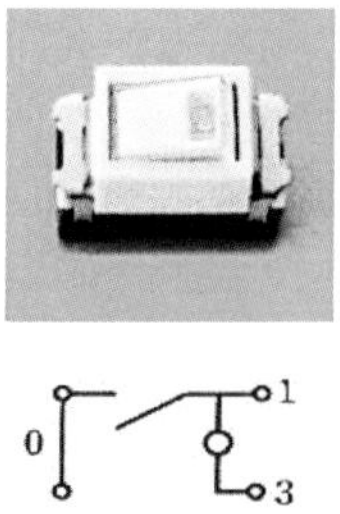 0 ――1 　　　　3

☆ ＊ 解　答 ＊☆

11. ニ　漏電遮断器（過電流素子付）〔P.54，P.118 参照〕

12. ハ　「小」4 個〔右複線図，P.118 参照〕

13. ハ

14. ハ　〔右複線図参照〕

15. ニ　E31 ねじなし金属管工事に「ねじ切り器」は不要

16. ニ　E31 ねじなし金属管工事は「ねじなしカップリング」を使用

17. ハ　〔右複線図参照〕

18. イ　〔右複線図参照〕

19. ニ

20. ニ

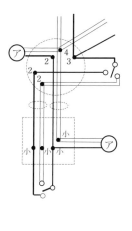

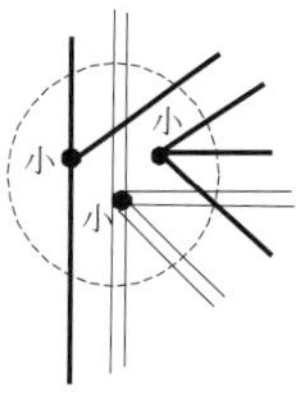

問 題 1

　図は，鉄筋コンクリート造の集合住宅共用部の部分的配線図である。この図に関する次の各問いには 4 通りの答え（**イ，ロ，ハ，ニ**）が書いてある。それぞれの問いに対して，答えを 1 つ選びなさい。

〔注意〕　1.　屋内配線の工事は，特記のある場合を除き 600 V ビニル絶縁ビニルシースケーブル平形（VVF）を用いたケーブル工事である。
　　　　　2.　漏電遮断器は，定格感度電流 30 mA，動作時間 0.1 秒以内のものを使用している。
　　　　　3.　配電盤，分電盤及び制御盤の外箱は金属製である。

	問	イ	ロ	ハ	ニ
1	①で示す部分の地中電線路を直接埋設式により施設する場合の埋設深さの最小値〔m〕は。ただし，車両その他の重量物の圧力を受けるおそれがある場所とする。	0.3	0.6	1.2	1.5
2	②で示す図記号の名称は。	リモコンセレクタスイッチ	漏電警報器	リモコンリレー	火災表示灯
3	③で示す図記号の名称は。	シーリング（天井直付）	ペンダント	埋込器具	引掛シーリング（丸）
4	④で示す図記号の器具は。	天井に取り付けるコンセント	床面に取り付けるコンセント	二重床用のコンセント	非常用コンセント
5	⑤で示す図記号の機器は。	電動機の始動器	力率を改善する進相コンデンサ	熱線式自動スイッチ用センサ	制御配線の信号により動作する開閉器（電磁開閉器）
6	⑥で示す機器の定格電流の最大値〔A〕は。	15	20	30	40
7	⑦で示す部分の接地工事における接地抵抗の許容される最大値〔Ω〕は。なお，引込線の電源側には地絡遮断装置は設置されていない。	10	100	300	500
8	⑧で示す部分の最少電線本数（心線数）は。	4	5	6	7
9	⑨で示す図記号の名称は。	フロートスイッチ	電磁開閉器用押しボタン	フロートレススイッチ電極	圧力スイッチ
10	⑩で示す部分の電路と大地間の絶縁抵抗として，許容される最小値〔MΩ〕は。	0.1	0.2	0.4	1.0

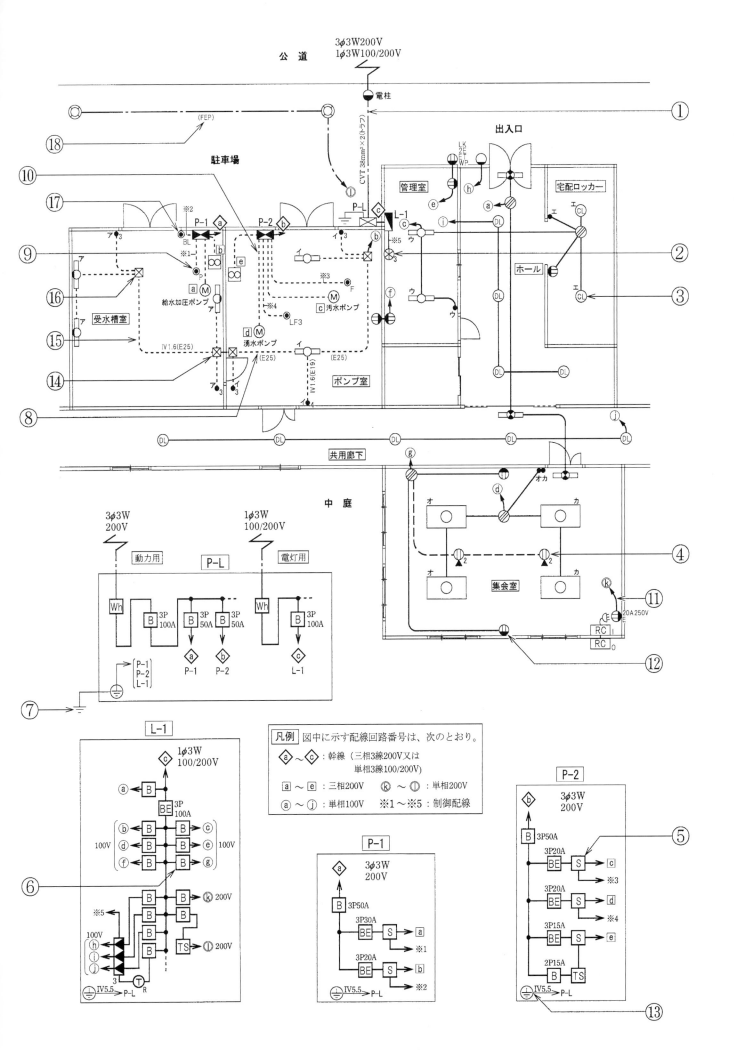

問 い	答 え

11	⑪で示す部分に使用するケーブルで，**適切なもの**は。

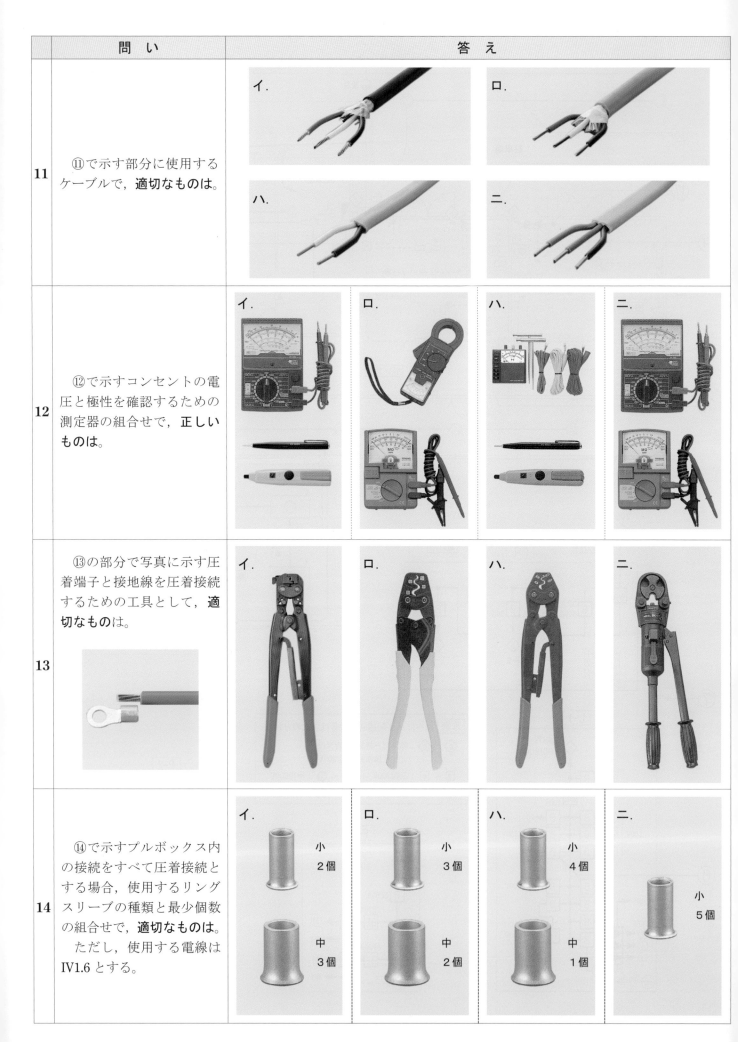

	問 い	答 え			
15	⑮で示す部分の工事において，使用されることのないものは。	イ. 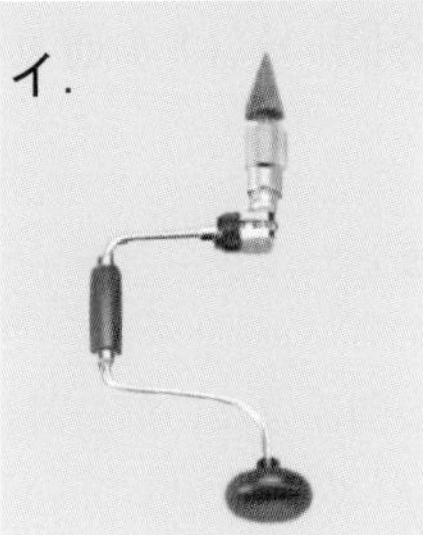	ロ. 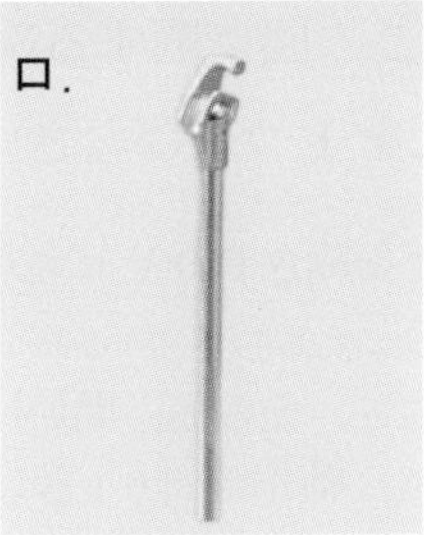	ハ. 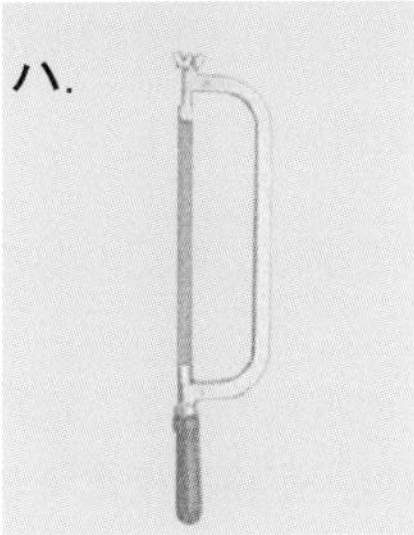	ニ. 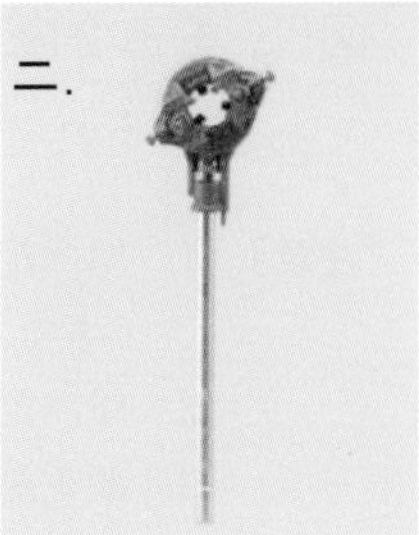
16	⑯で示すプルボックス内の接続をすべて差込形コネクタとする場合，使用する差込形コネクタの種類と最少個数の組合せで，**適切なもの**は。 ただし，使用する電線はIV1.6とする。	イ. 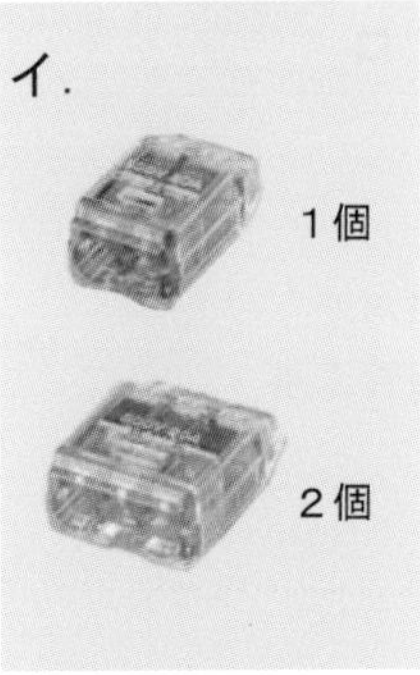 1個 2個	ロ. 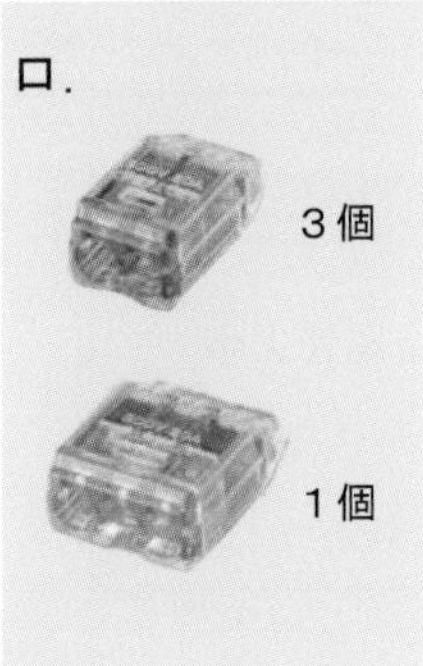 3個 1個	ハ.  3個	ニ.  4個
17	⑰で示す図記号の器具は。	イ. 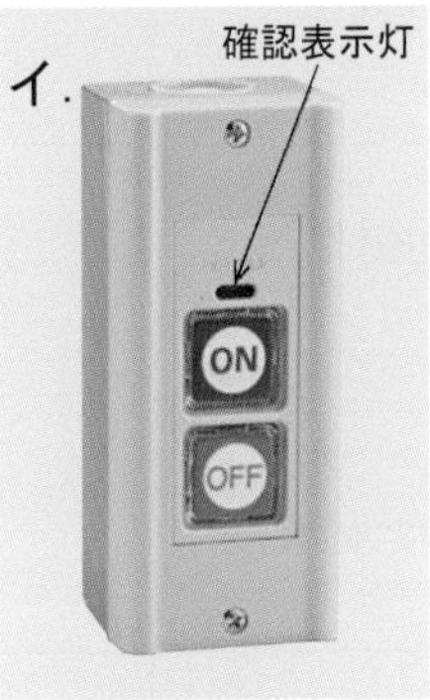 確認表示灯	ロ. 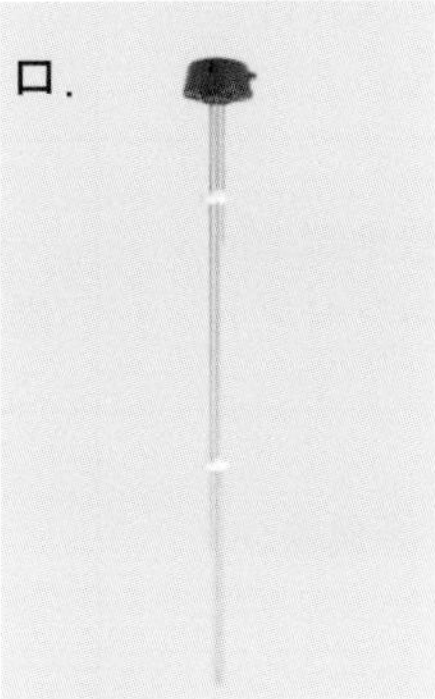	ハ. 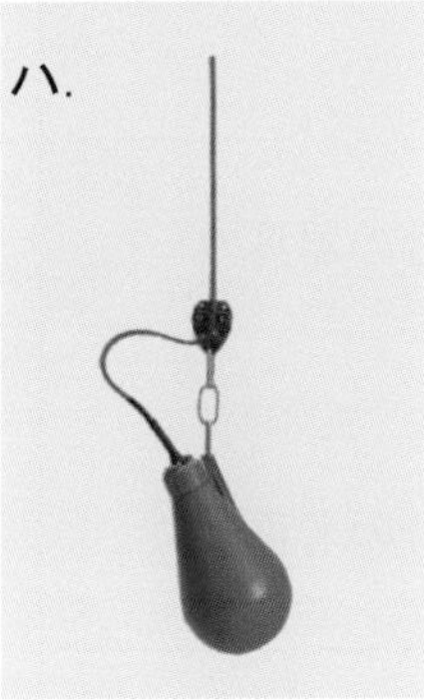	ニ. 
18	⑱で示す地中配線工事で，防護管（FEP）を切断するための工具として，**適切なもの**は。	イ. 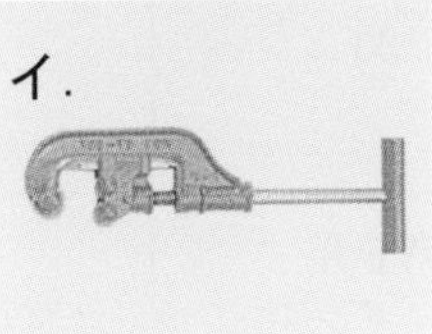	ロ. 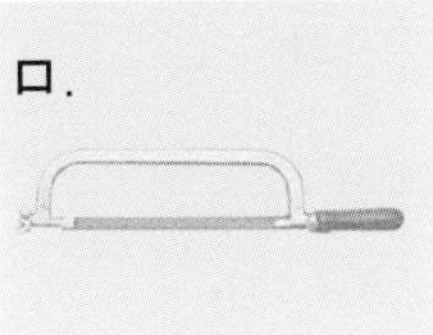	ハ. 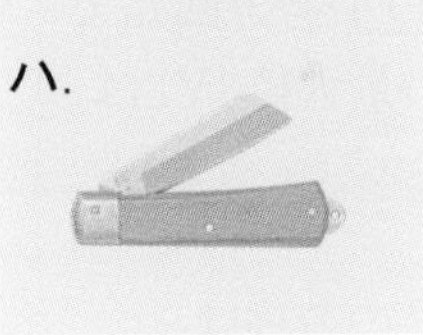	ニ. 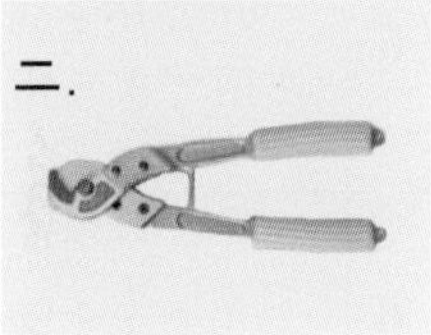
19	この配線図で，使用していないものは。	イ. 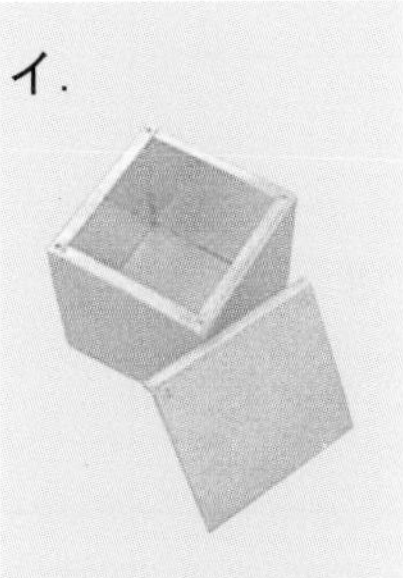	ロ. 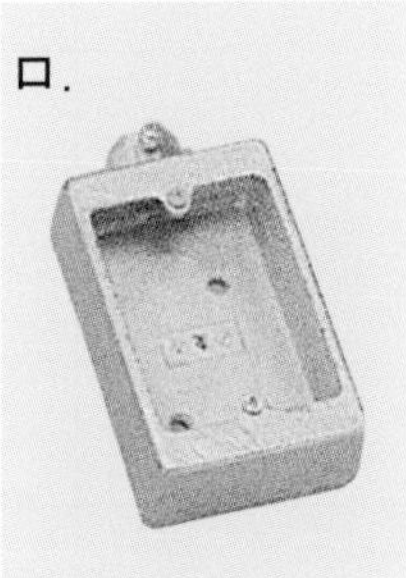	ハ. 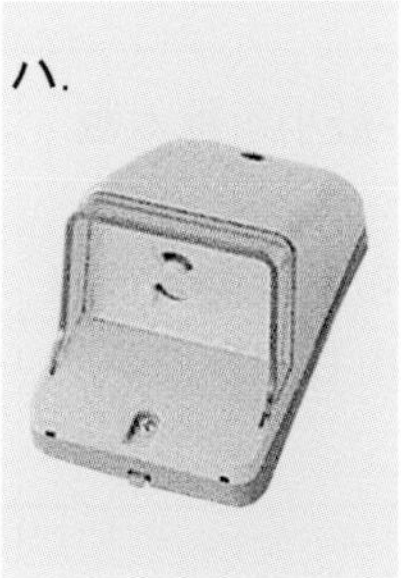	ニ. 
20	この配線図で，使用していないものは。	イ. 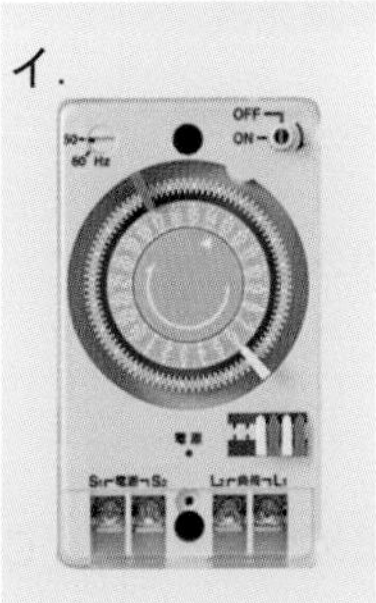	ロ. 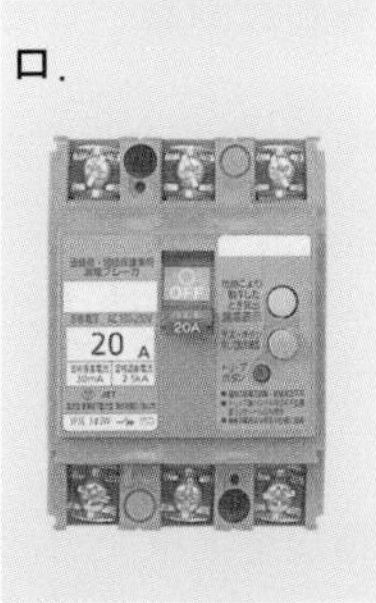	ハ. 	ニ. 

問 題 2

図は，木造2階建住宅の配線図である。この図に関する次の各問いには4通りの答え（**イ，ロ，ハ，ニ**）が書いてある。それぞれの問いに対して，答えを1つ選びなさい。

〔注意〕　1. 屋内配線の工事は，特記のある場合を除き 600 V ビニル絶縁ビニルシースケーブル平形（VVF）を用いたケーブル工事である。
　　　　　2. 屋内配線等の電線の本数，電線の太さ，その他，問いに直接関係のない部分等は省略又は簡略化してある。
　　　　　3. 漏電遮断器は，定格感度電流 30 mA，動作時間 0.1 秒以内のものを使用している。

	問	イ	ロ	ハ	ニ
1	①で示す部分の工事方法として，**適切なもの**は。	金属管工事	金属可とう電線管工事	金属線ぴ工事	600V ビニル絶縁ビニルシースケーブル丸形を使用したケーブル工事
2	②で示す図記号の器具の取り付け位置は。	天井付	壁付	床付	天井埋込
3	③で示す図記号の器具の種類は。	接地端子付コンセント	接地極付接地端子付コンセント	接地極付コンセント	漏電遮断器付コンセント
4	④で示す図記号の名称は。	金属線ぴ	フロアダクト	ライティングダクト	合成樹脂線ぴ
5	⑤で示す部分の小勢力回路で使用できる電圧の最大値〔V〕は。	24	30	40	60
6	⑥で示す図記号の名称は。	ジョイントボックス	VVF用ジョイントボックス	プルボックス	ジャンクションボックス
7	⑦で示す部分の最小電線本数（心線数）は。ただし，電源からの接地側電線は，スイッチを経由しないで照明器具に配線する。	2	3	4	5
8	⑧で示す図記号（◆）は。	一般形点滅器	一般形調光器	ワイドハンドル形点滅器	ワイド形調光器
9	⑨で示す部分の電路と大地間の絶縁抵抗として，許容される最小値〔MΩ〕は。	0.1	0.2	0.3	0.4
10	⑩で示す部分の接地工事の種類は。	A 種接地工事	B 種接地工事	C 種接地工事	D 種接地工事

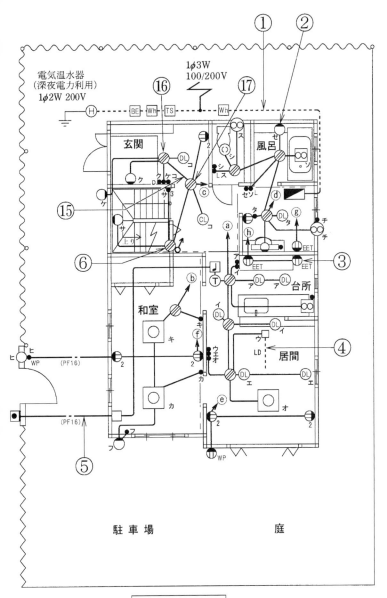

1階平面図

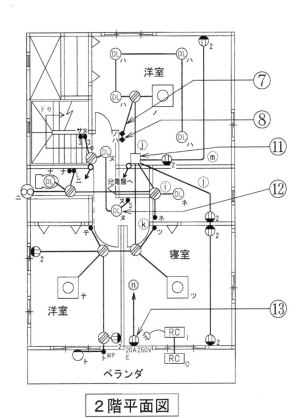

2階平面図

凡例
ⓐ～ⓜ印は単相100V回路
ⓝ印は単相200V回路
◢ は電灯分電盤

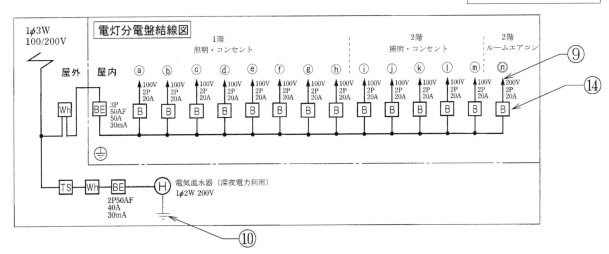

電灯分電盤結線図

	問 い	答 え			
11	⑪で示す図記号のものは。	イ. 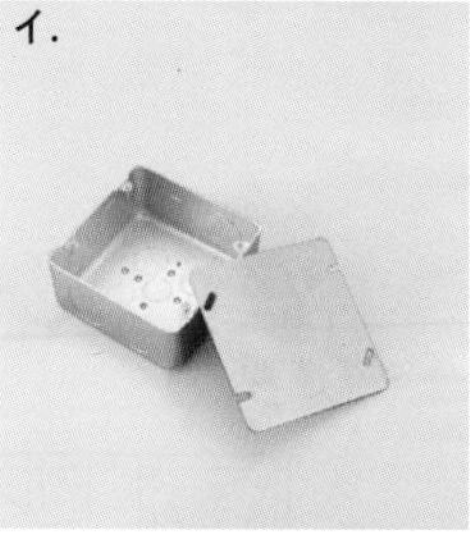	ロ. 	ハ. 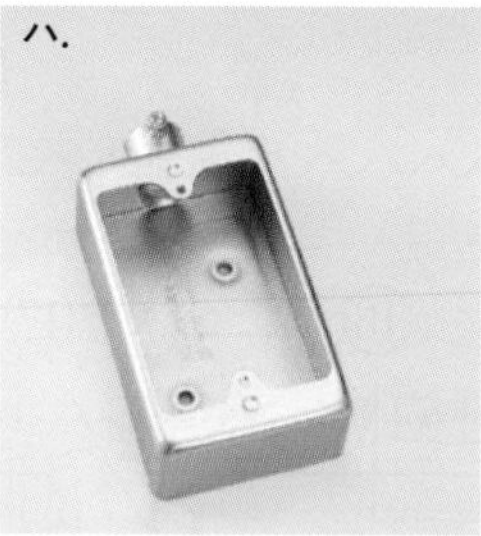	ニ. 
12	⑫で示す図記号の器具は。	イ. 	ロ. 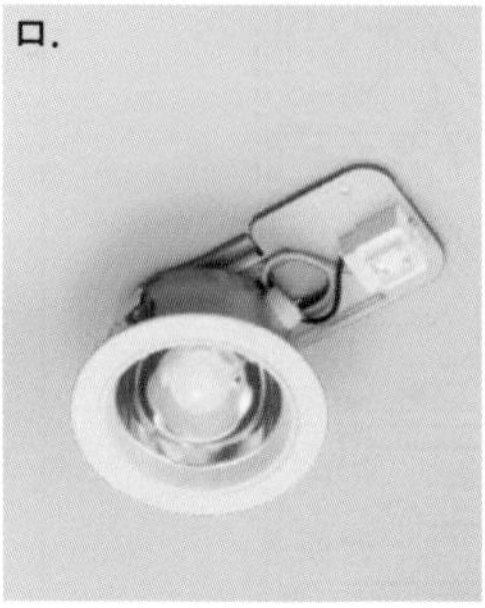	ハ. 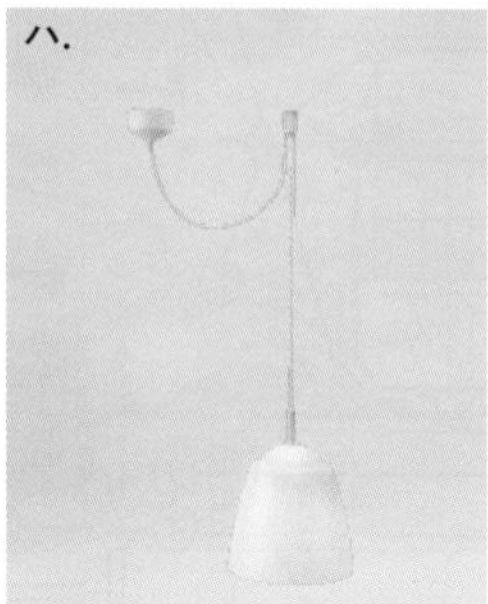	ニ. 
13	⑬で示す図記号の器具は。	イ. 	ロ. 	ハ. 	ニ. 
14	⑭で示す図記号の器具は。	イ. 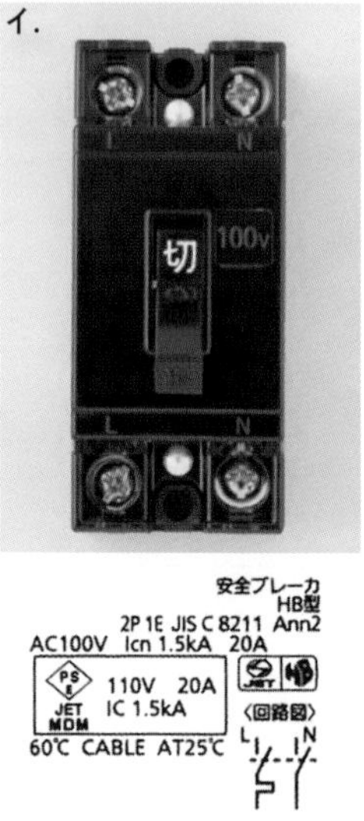	ロ. 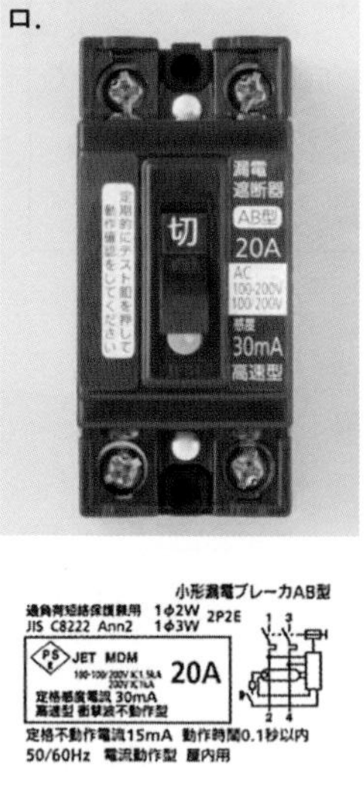	ハ. 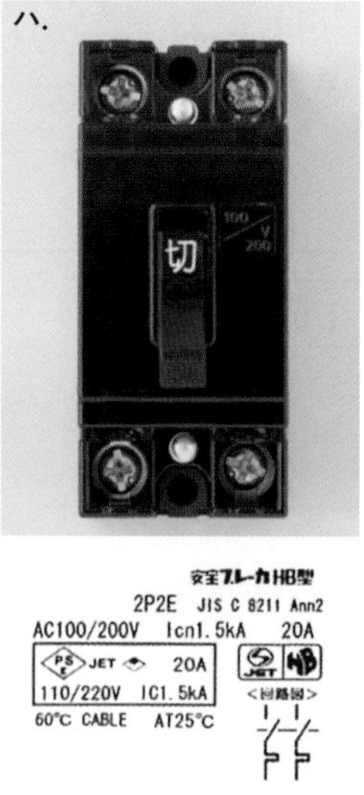	ニ. 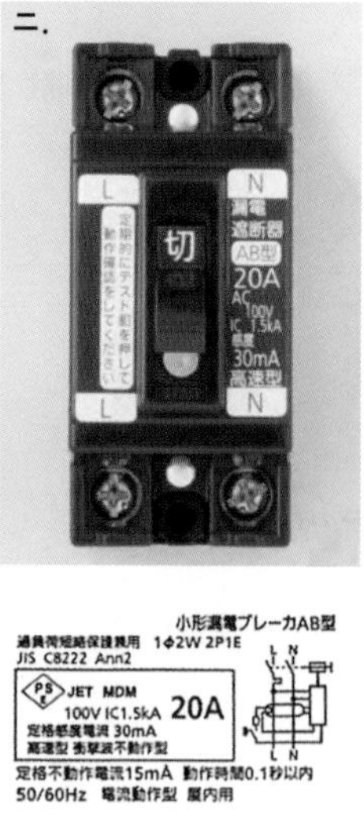
15	⑮で示す部分の配線工事に必要なケーブルは。ただし,使用するケーブルの心線数は最少とする。	イ. 	ロ. 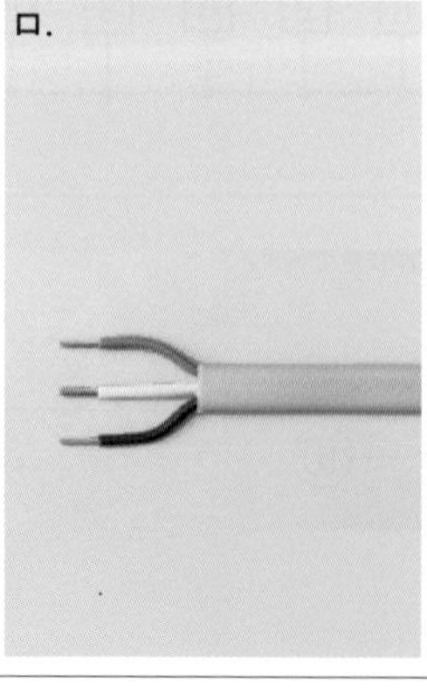	ハ. 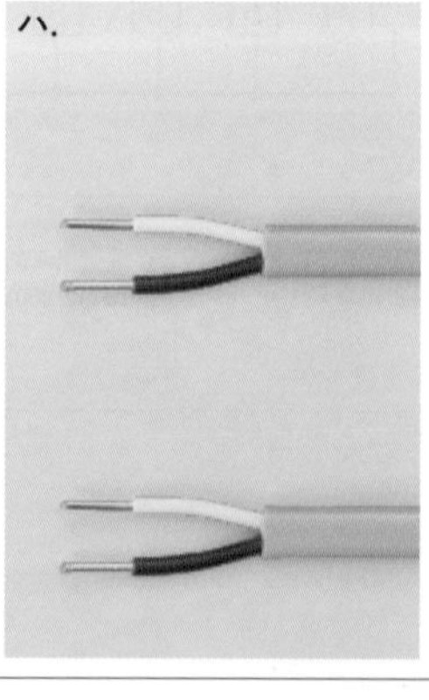	ニ. 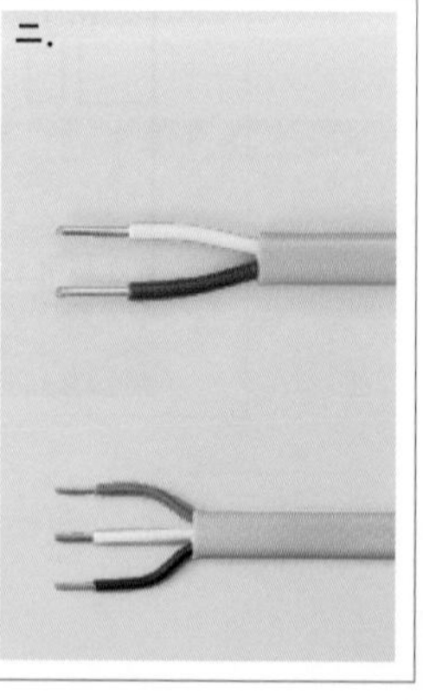

問　い	答　え			
16 ⑯で示すボックス内の接続をすべて差込形コネクタとする場合，使用する差込形コネクタの種類と最少個数の組合わせで，**適切なもの**は。 ただし，使用する電線はVVF1.6とし，ボックスを経由する電線は，すべて接続箇所を設けるものとする。	イ. 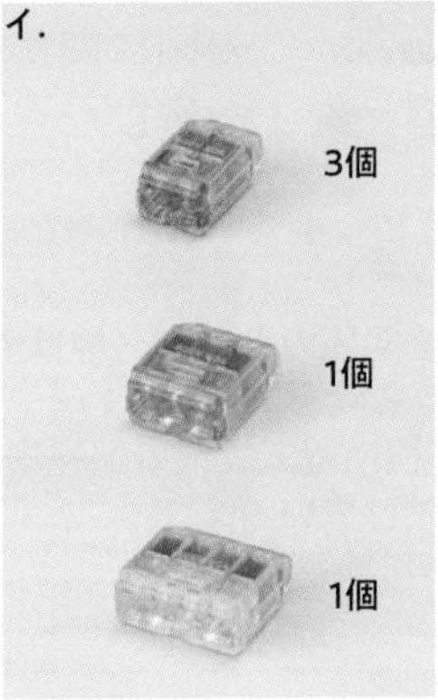 3個 1個 1個	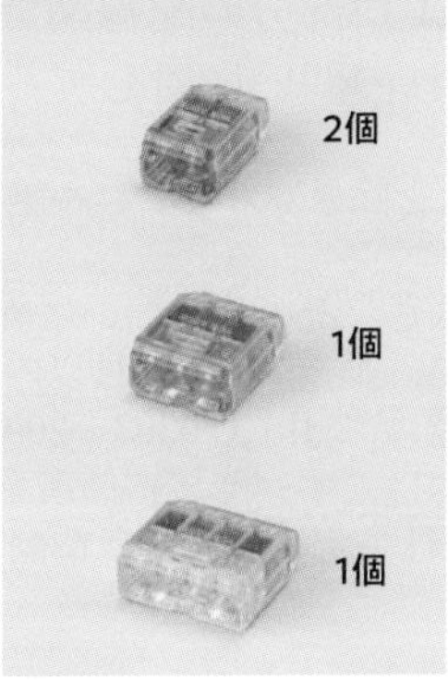 ロ. 2個 1個 1個	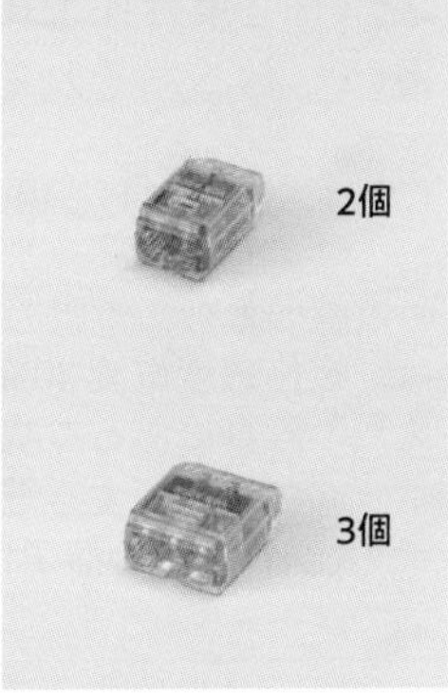 ハ. 2個 3個	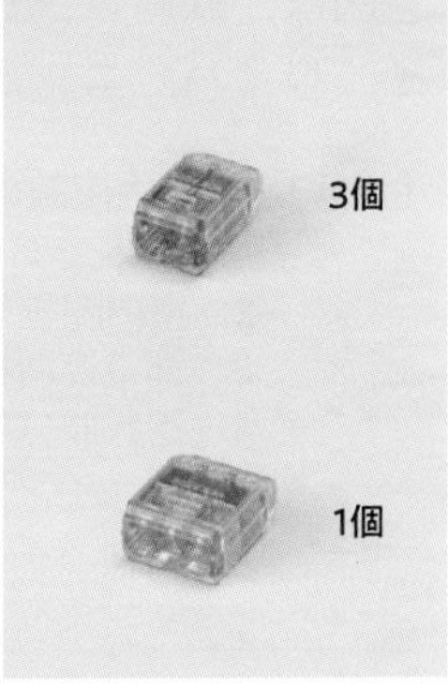 ニ. 3個 1個
17 ⑰で示すボックス内の接続をすべて圧着接続とする場合，使用するリングスリーブの種類と最少個数の組合せで，**適切なもの**は。 ただし，使用する電線はVVF1.6とし，ボックスを経由する電線は，すべて接続箇所を設けるものとする。	イ. 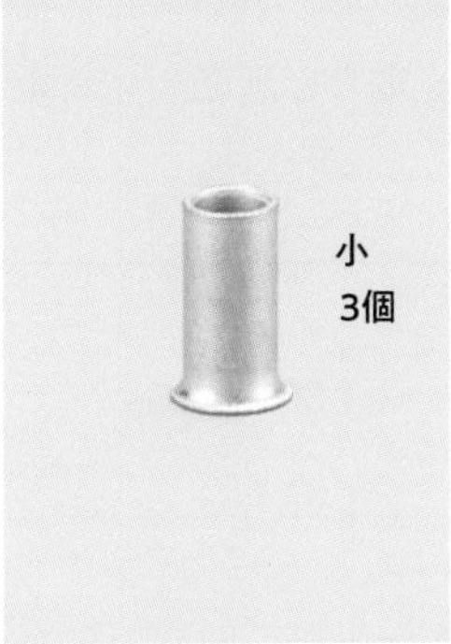 小3個	 ロ. 小4個	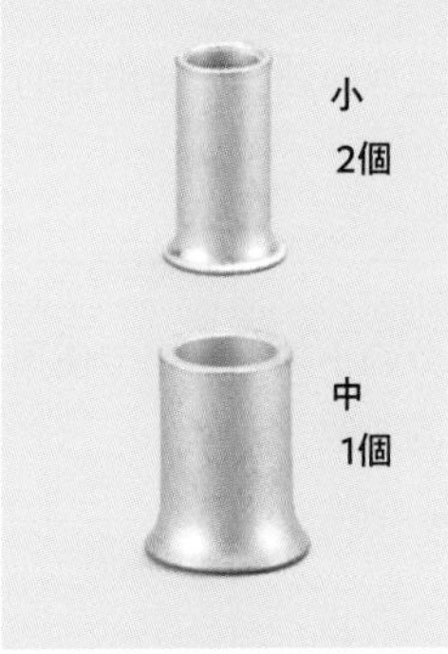 ハ. 小2個 中1個	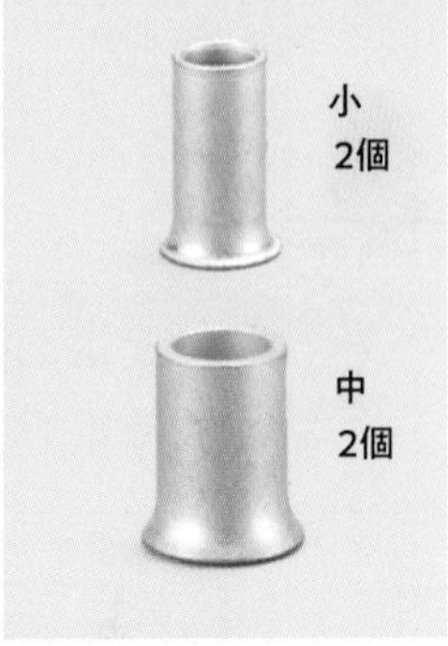 ニ. 小2個 中2個
18 この配線図で，**使用されていないスイッチ**は。 ただし，写真下の図は，接点の構成を示す。	イ. 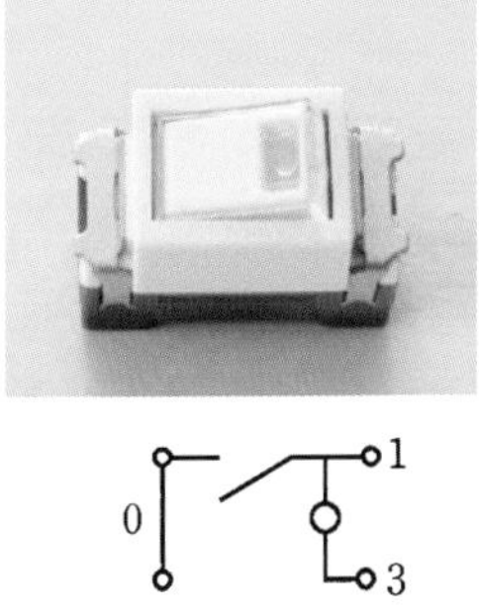	ロ. 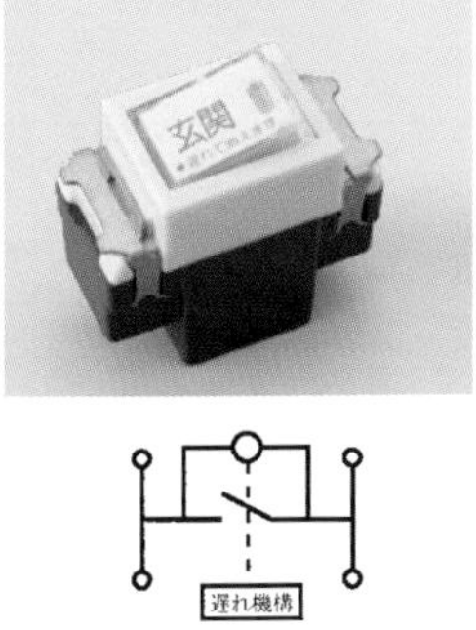 玄関 遅れ機構	ハ. 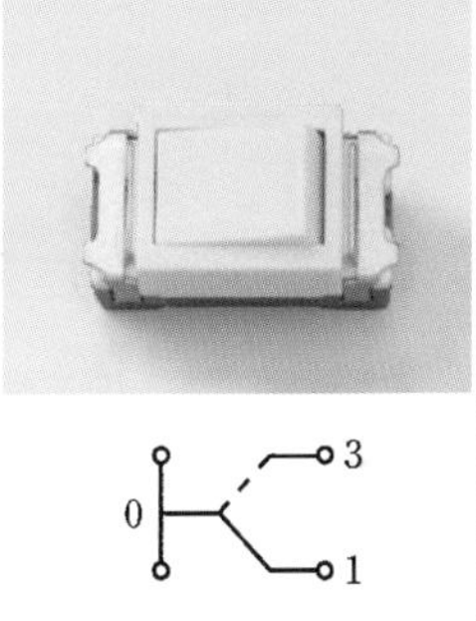	ニ. 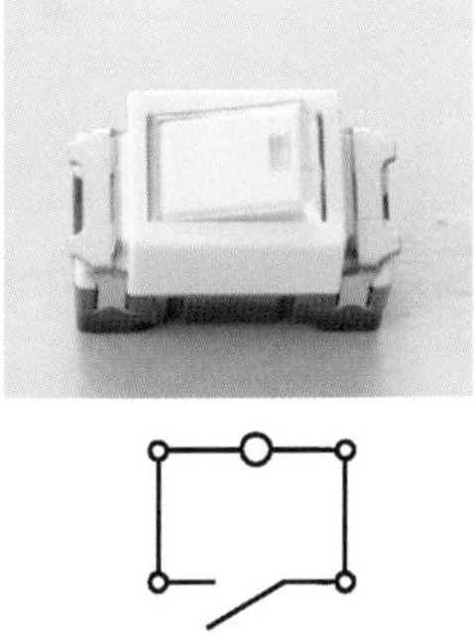
19 この配線図の2階部分の施工で，一般的に**使用されることのないもの**は。	イ. 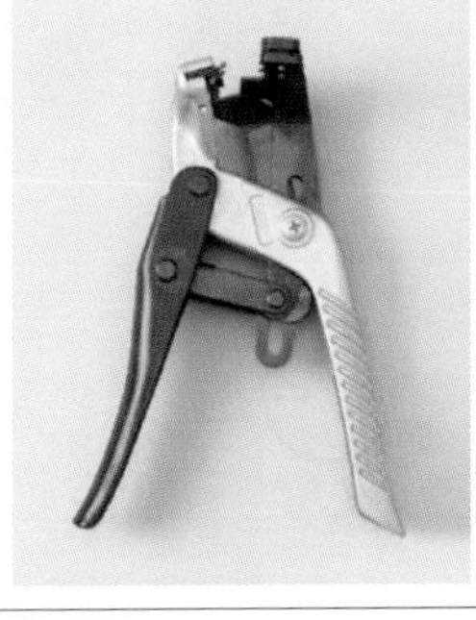	ロ. 	ハ. 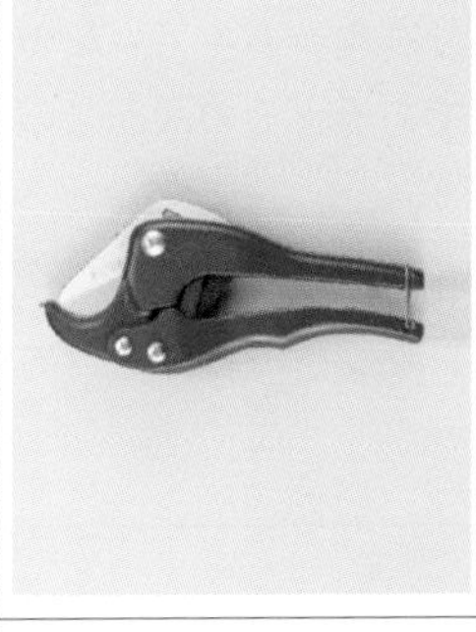	ニ. 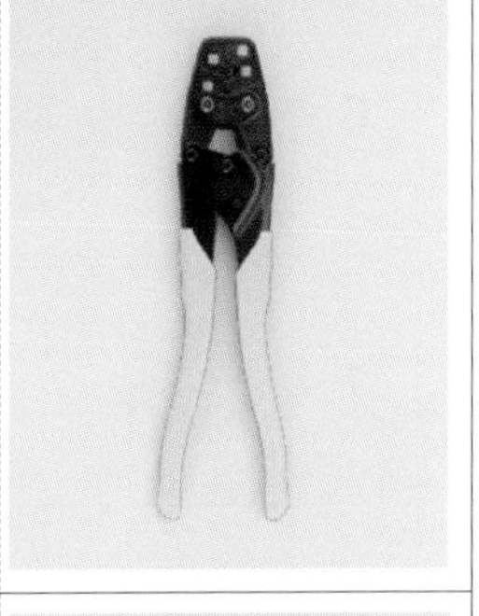
20 この配線図の施工で，一般的に**使用されることのないもの**は。	イ. 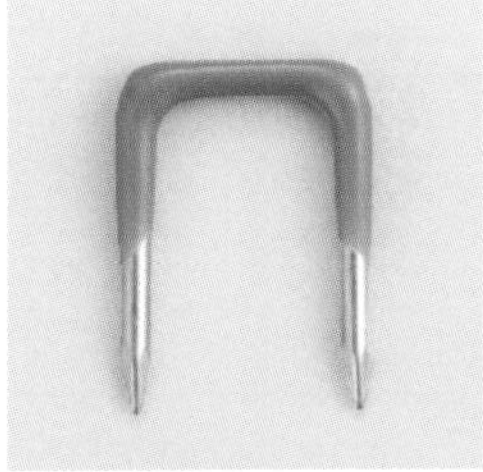	ロ. 	ハ. 	ニ. 

問 題 3

　図は，鉄筋コンクリート造集合住宅の1戸部分の配線図である。この図に関する次の各問いには4通りの答え（イ，ロ，ハ，ニ）が書いてある。それぞれの問いに対して，答えを1つ選びなさい。

〔注意〕1. 屋内配線の工事は，特記のある場合を除き600Vビニル絶縁ビニルシースケーブル平形（VVF）を用いたケーブル工事である。
　　　　2. 屋内配線等の電線の本数，電線の太さ，その他，問いに直接関係のない部分等は省略又は簡略化してある。
　　　　3. 漏電遮断機は，定格感度電流30mA，動作時間0.1秒以内のものを使用している。
　　　　4. 選択肢（答え）の写真にある点滅器は，「JIS C 0303 : 2000 構内電気設備の配線用図記号」で示す「一般形」である。
　　　　5. ジョイントボックスを経由する電線は，すべて接続箇所を設けている。
　　　　6. 3路スイッチの記号「0」の端子には，電源側又は負荷側の電線を結線する。

	問	イ	ロ	ハ	ニ
1	①で示す図記号の計器の使用目的は。	負荷率を測定する	電力を測定する	電力量を測定する	最大電力を測定する
2	②で示す部分の小勢力回路で使用できる電圧の最大値〔V〕は。	24	30	40	60
3	③で示す図記号の器具の種類は。	位置表示灯を内蔵する点滅器	確認表示灯を内蔵する点滅器	遅延スイッチ	熱線式自動スイッチ
4	④で示す図記号の器具の種類は。	接地端子付コンセント	接地極付接地端子付コンセント	接地極付コンセント	接地極付接地端子付漏電遮断器付コンセント
5	⑤で示す部分にペンダントを取り付けたい。図記号は。	Ⓒ H	(◯)	⊖	Ⓒ L
6	⑥で示す部分はルームエアコンの屋内ユニットである。その図記号の傍記表示は。	O	R	B	I
7	⑦で示すコンセントの極配置（刃受）は。	（極配置図）	（極配置図）	（極配置図）	（極配置図）
8	⑧で示す部分の最少電線本数（心線数）は。	2	3	4	5
9	⑨で示す部分の電路と大地間の絶縁抵抗として，許容される最小値〔MΩ〕は。	0.1	0.2	0.4	1.0
10	⑩で示す図記号の器具の種類は。	シーリング（天井直付）	引掛シーリング（丸）	埋込器具	天井コンセント（引掛形）

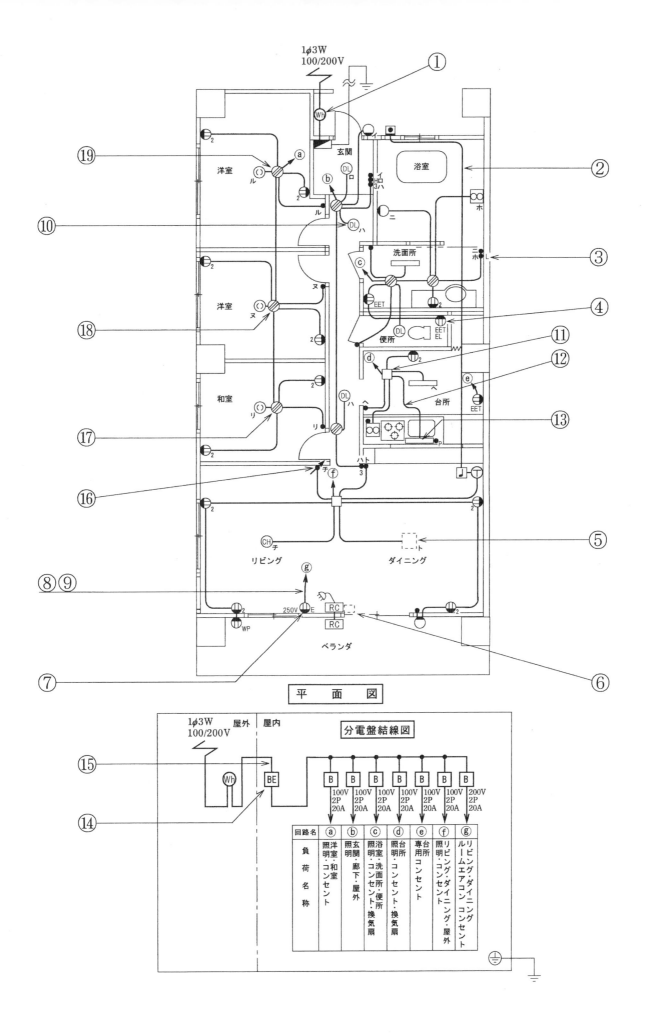

平　面　図

分電盤結線図

回路名	ⓐ	ⓑ	ⓒ	ⓓ	ⓔ	ⓕ	ⓖ
	100V 2P 20A	100V 2P 20A	100V 2P 20A	100V 2P 20A	100V 2P 20A	100V 2P 20A	200V 2P 20A
負荷名称	洋室・和室 照明・コンセント	照明 玄関・廊下・屋外	照明・コンセント 浴室・洗面所・便所・換気扇	照明・コンセント 台所・換気扇	専用コンセント 台所	照明・コンセント リビング・ダイニング・屋外	ルームエアコン コンセント リビング・ダイニング

143

	問　い	答　え			
11	⑪で示すボックス内の接続をすべて圧着接続とする場合，使用するリングスリーブの種類と最小個数の組合せで，**正しいものは**。 ただし，使用する電線はすべてVVF1.6とする。	イ. 小 1個 中 2個	ロ. 小 3個 中 1個	ハ. 小 3個	ニ. 小 4個
12	⑫で示す部分の配線工事に使用するケーブルは。 ただし，心線数は最少とする。	イ.　ロ. ハ.　ニ.			
13	⑬で示す図記号の器具は。	イ.	ロ.	ハ.	ニ.
14	⑭で示す部分に取り付ける機器は。	イ.	ロ.	ハ.	ニ.
15	⑮で示す回路の負荷電流を測定するものは。	イ.	ロ.	ハ.	ニ.

	問 い	答 え			
16	⑯で示す図記号の器具は。	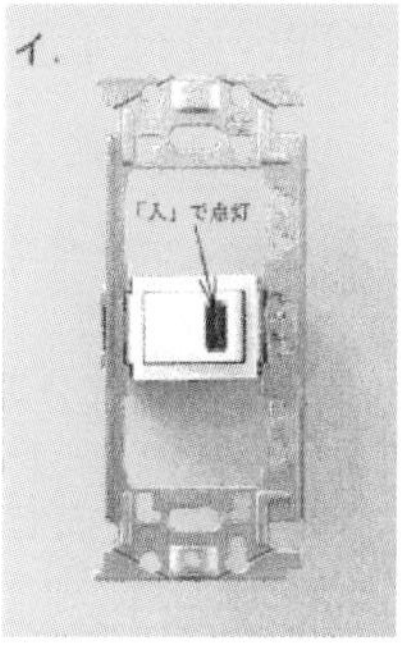 イ.	 ロ.	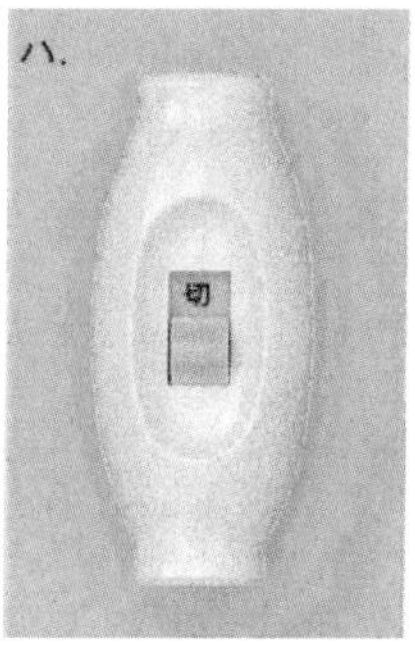 ハ.	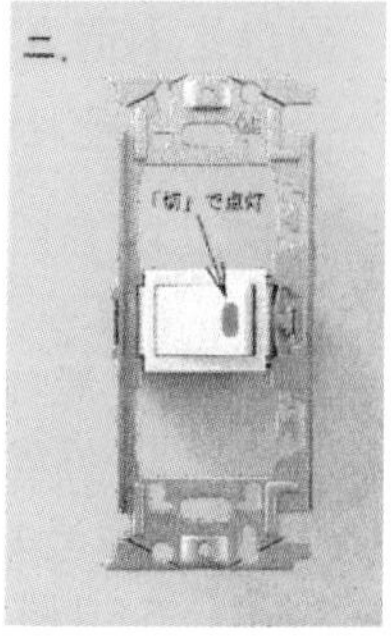 ニ.
17	⑰で示すボックス内の接続をリングスリーブ小 3 個を使用して圧着接続した場合の圧着接続後の刻印の組合せで, **正しいものは。** ただし, 使用する電線はすべて VVF1.6 とする。 また, 写真に示す**リングスリーブ中央の〇, 小は刻印を表**す。	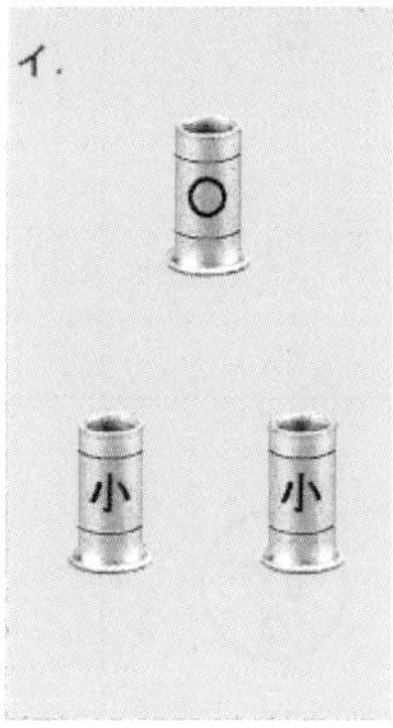 イ.	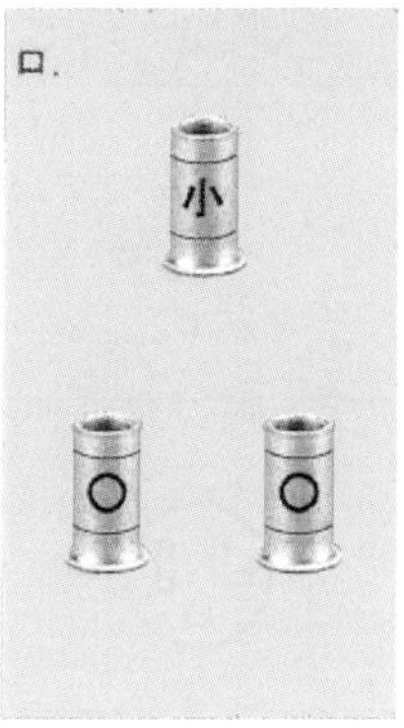 ロ.	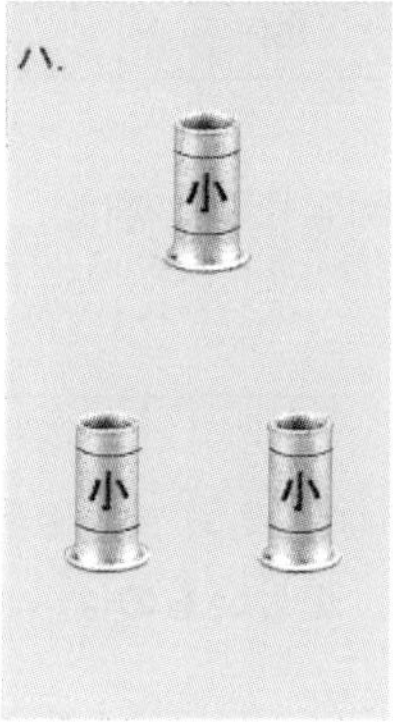 ハ.	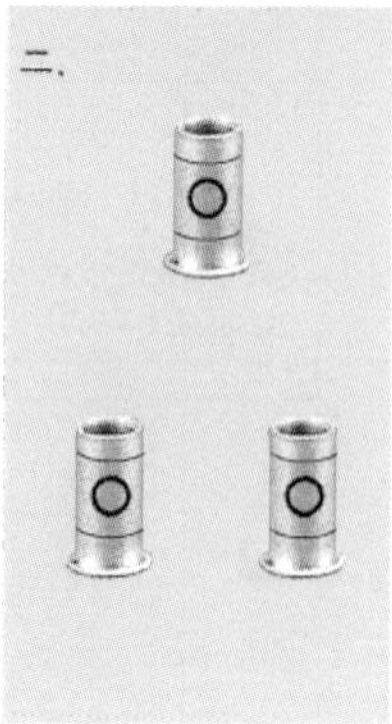 ニ.
18	⑱で示す図記号のものは。	 イ.	 ロ.	 ハ.	 ニ.
19	⑲で示すボックス内の接続をすべて差込形コネクタとする場合, 使用する差込形コネクタの種類と最少個数の組合せで, **正しいものは。** ただし, 使用する電線はすべて VVF1.6 とする。	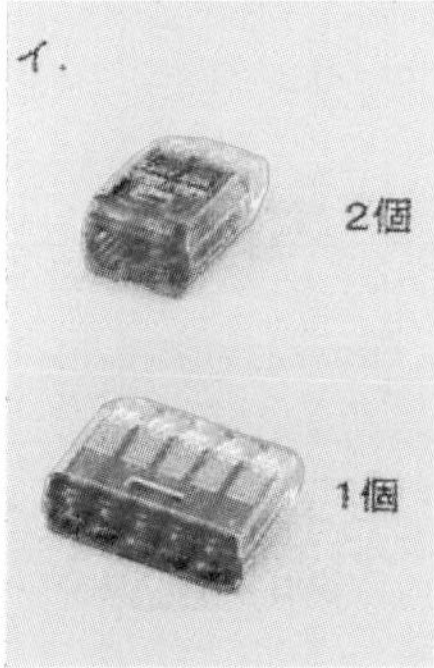 イ.	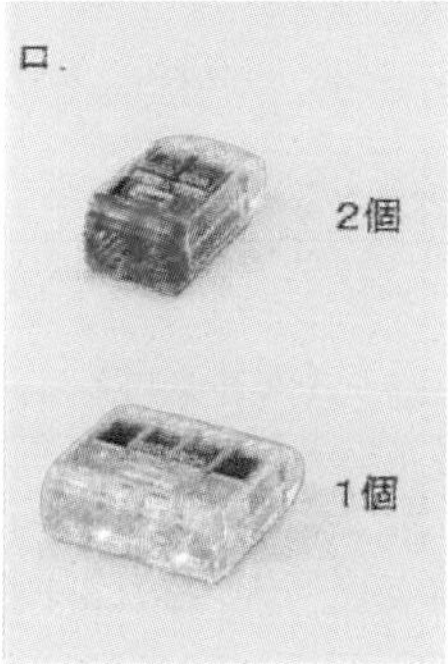 ロ.	 ハ.	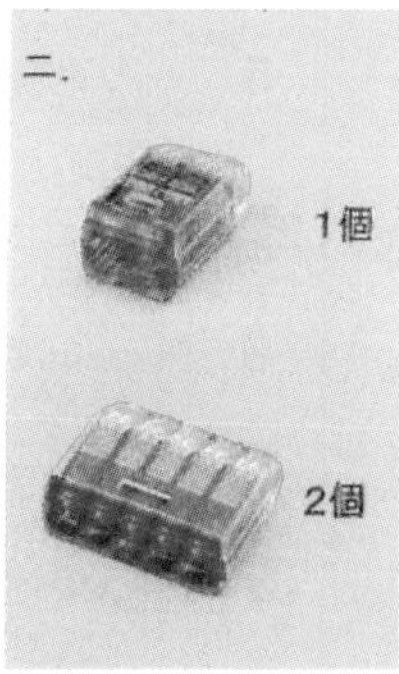 ニ.
20	この配線図の図記号で**使用されていないスイッチは。** ただし, 写真下の図は, 接点の構成を示す。	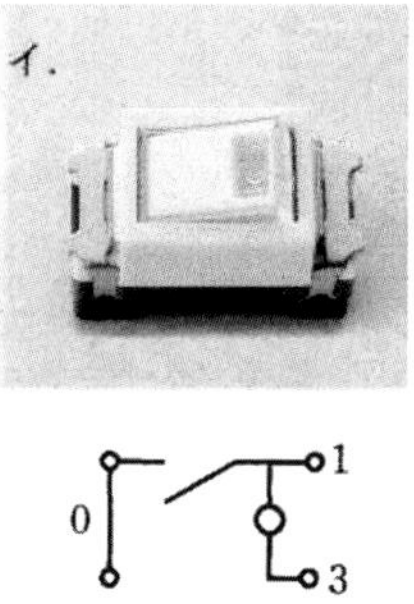 イ.	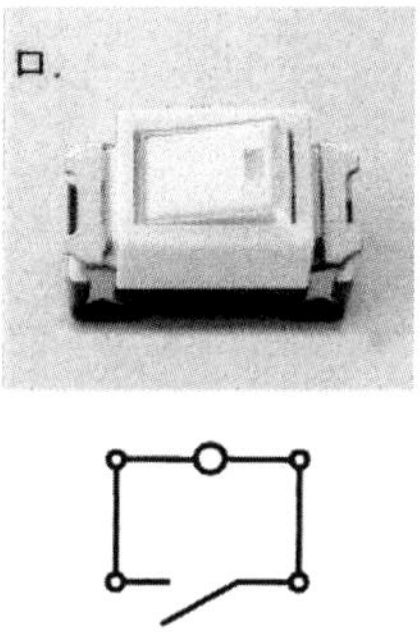 ロ.	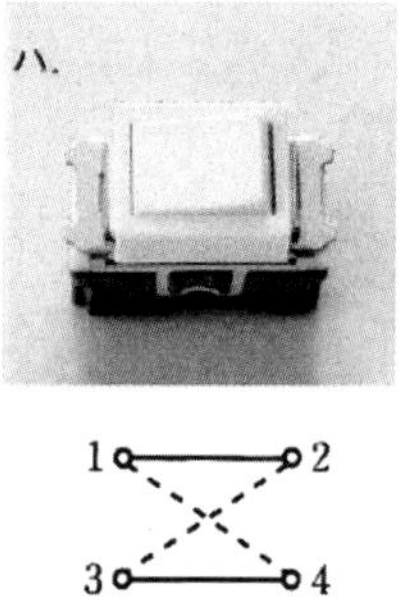 ハ.	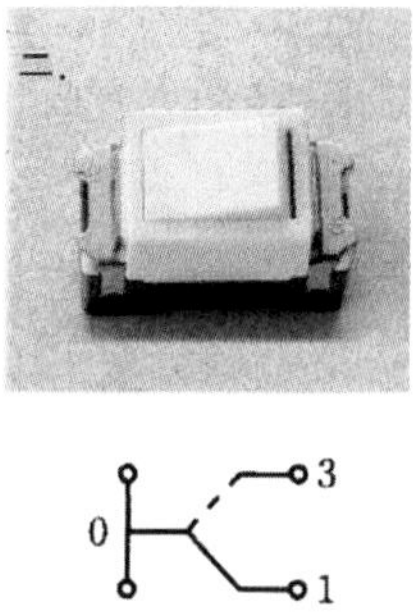 ニ.

問 題 4

図は，木造3階建住宅の配線図である。この図に関する次の各問いには4通りの答え（**イ，ロ，ハ，ニ**）が書いてある。それぞれの問いに対して，答えを1つ選びなさい。

〔注意〕1. 屋内配線の工事は，特記のある場合を除き600Vビニル絶縁ビニルシースケーブル平形（VVF）を用いたケーブル工事である。

　　　　2. 屋内配線等の電線の本数，電線の太さ，その他，問いに直接関係のない部分等は省略又は簡略化してある。

　　　　3. 漏電遮断機は，定格感度電流30mA，動作時間0.1秒以内のものを使用している。

　　　　4. ジョイントボックスを経由する電線は，すべて接続箇所を設けている。

　　　　5. 3路スイッチの記号「0」の端子には，電源側又は負荷側の電線を結線する。

	問	イ	ロ	ハ	ニ
1	①で示す図記号の名称は。	調光器	素通し	遅延スイッチ	リモコンスイッチ
2	②で示すコンセントの極配置（刃受）で，**正しいもの**は。				
3	③で示す部分の工事方法として，**適切なもの**は。	金属線ぴ工事	金属管工事	金属ダクト工事	600Vビニル絶縁ビニルシースケーブル丸形を使用したケーブル工事
4	④で示す部分に取り付ける計器の図記号は。	CT	W	S	Wh
5	⑤で示す部分の電路と大地間の絶縁抵抗として，許容される最小値［MΩ］は。	0.1	0.2	0.4	1.0
6	⑥で示す図記号の名称は。	シーリング（天井直付）	埋込器具	シャンデリア	ペンダント
7	⑦で示す部分の接地工事における接地抵抗の許容される最大値［Ω］は。	100	300	500	600
8	⑧で示す部分の最少電線本数（心線数）は。	2	3	4	5
9	⑨で示す図記号の名称は。	自動点滅器	熱線式自動スイッチ	タイムスイッチ	防雨形スイッチ
10	⑩で示す図記号の配線方法は。	天井隠ぺい配線	床隠ぺい配線	露出配線	床面露出配線

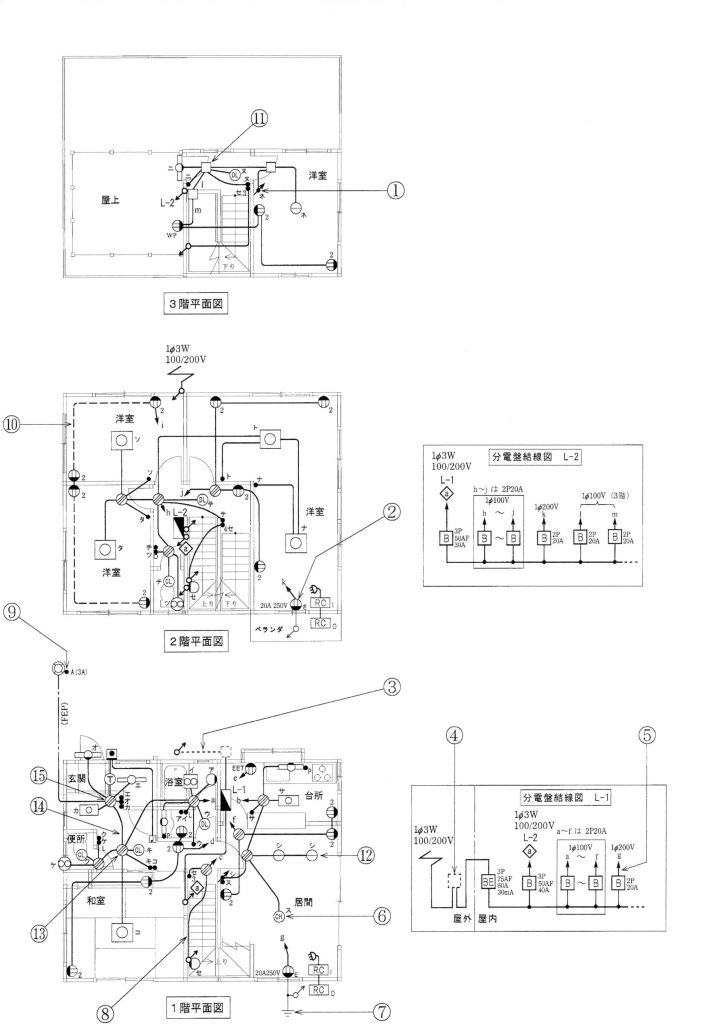

3 階平面図

2 階平面図

1 階平面図

分電盤結線図　L-2

分電盤結線図　L-1

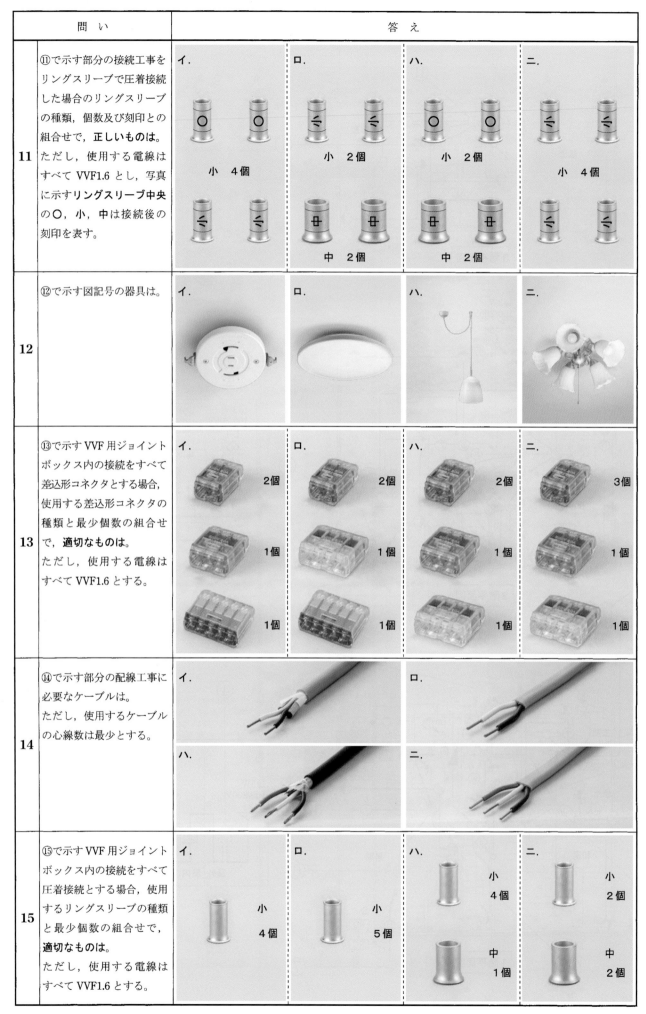

問 い	答 え			
11 ⑪で示す部分の接続工事をリングスリーブで圧着接続した場合のリングスリーブの種類，個数及び刻印との組合せで，**正しいものは**。ただし，使用する電線はすべて VVF1.6 とし，写真に示す**リングスリーブ中央**の〇，小，中は接続後の刻印を表す。	イ. 小 4個	ロ. 小 2個 / 中 2個	ハ. 小 2個 / 中 2個	ニ. 小 4個
12 ⑫で示す図記号の器具は。	イ.	ロ.	ハ.	ニ.
13 ⑬で示す VVF 用ジョイントボックス内の接続をすべて差込形コネクタとする場合，使用する差込形コネクタの種類と最少個数の組合せで，**適切なものは**。ただし，使用する電線はすべて VVF1.6 とする。	イ. 2個 / 1個 / 1個	ロ. 2個 / 1個 / 1個	ハ. 2個 / 1個 / 1個	ニ. 3個 / 1個 / 1個
14 ⑭で示す部分の配線工事に必要なケーブルは。ただし，使用するケーブルの心線数は最少とする。	イ. / ハ.	ロ. / ニ.		
15 ⑮で示す VVF 用ジョイントボックス内の接続をすべて圧着接続とする場合，使用するリングスリーブの種類と最少個数の組合せで，**適切なものは**。ただし，使用する電線はすべて VVF1.6 とする。	イ. 小 4個	ロ. 小 5個	ハ. 小 4個 / 中 1個	ニ. 小 2個 / 中 2個

	問　い	答　え			
16	この配線図の施工で,一般的に使用されることのないものは。	イ. 	ロ. 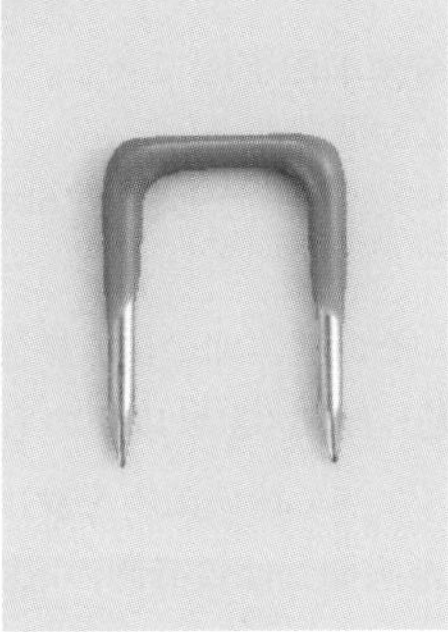	ハ. 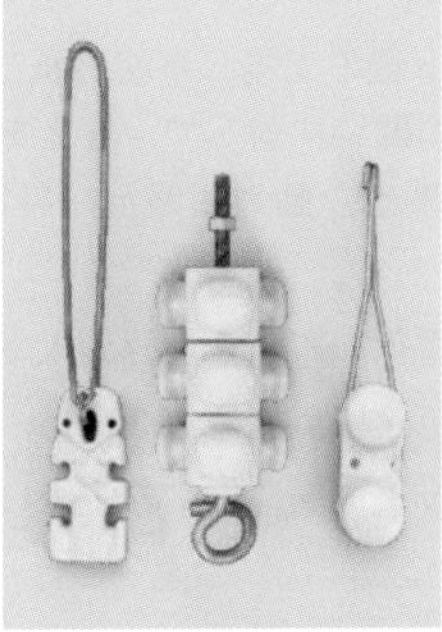	ニ. 
17	この配線図の施工で,一般的に使用されることのないものは。	イ. 	ロ. 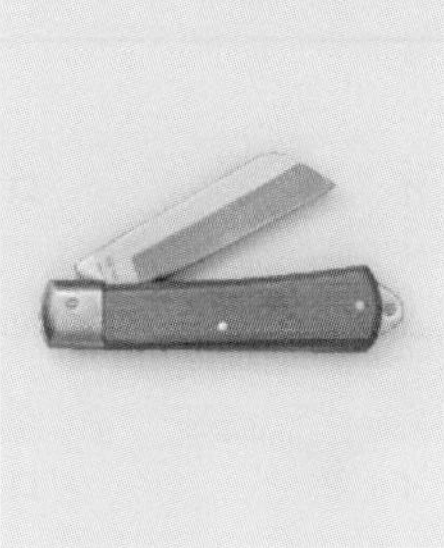	ハ. 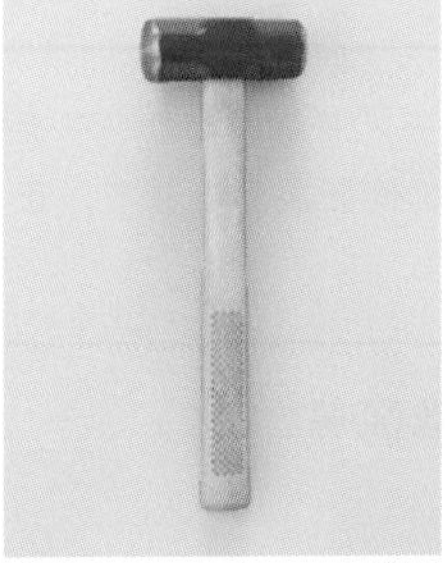	ニ. 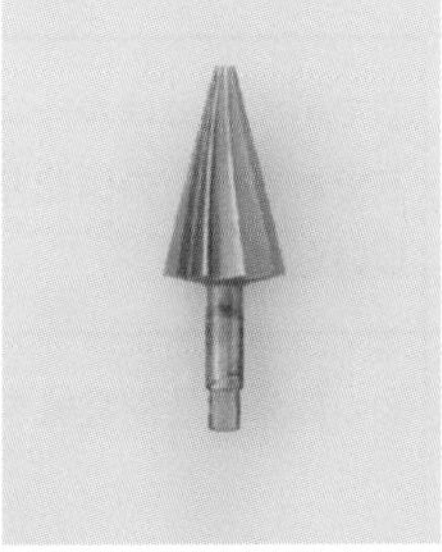
18	この配線図で,使用されていないスイッチは。ただし,写真下の図は,接点の構成を示す。	イ.  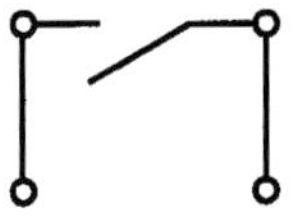	ロ.  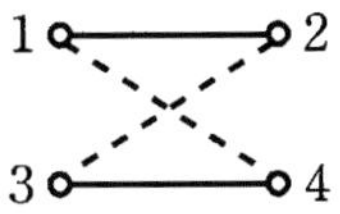	ハ.  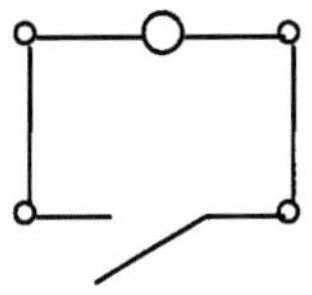	ニ.  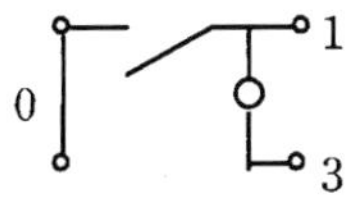
19	この配線図の施工に関して,使用されることのない物の組合せは。	イ.  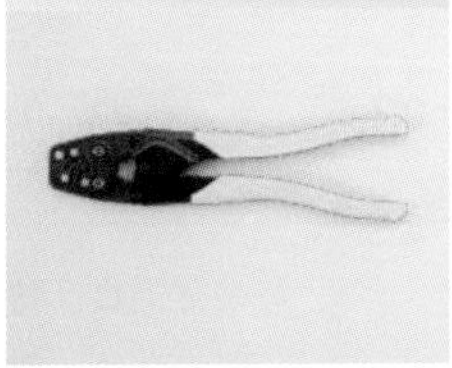	ロ. 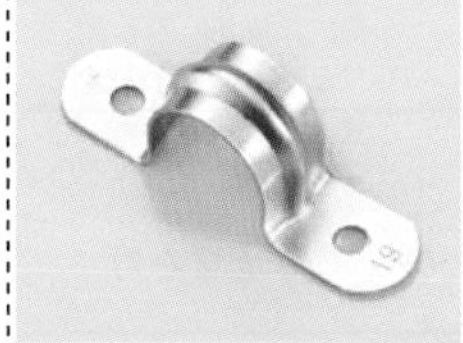 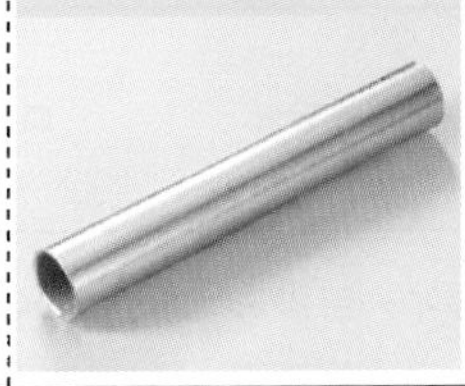	ハ.  	ニ. 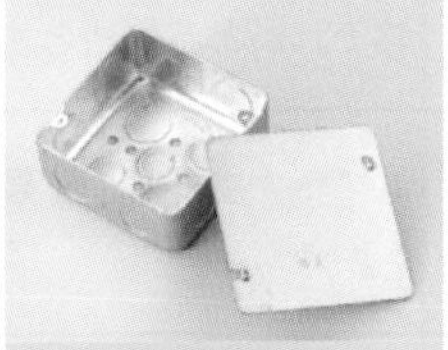 
20	この配線図で,使用されているコンセントとその個数の組合せで,正しいものは。	イ.  1個	ロ. 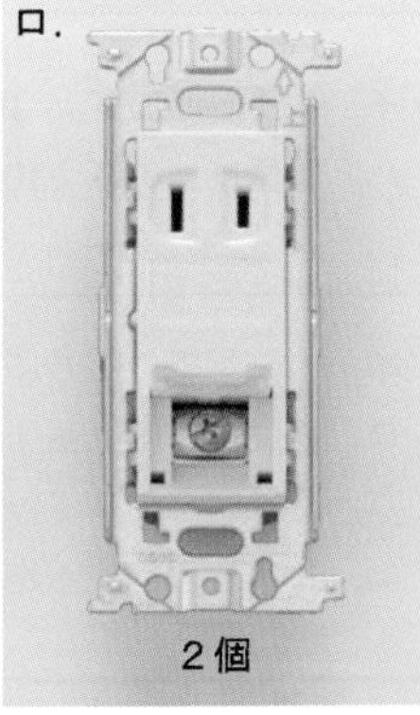 2個	ハ.  2個	ニ.  1個

問 題 5

　図は，鉄骨軽量コンクリート造の工場，事務所及び倉庫の配線図である。この図に関する次の各問いには4通りの答え（**イ**，**ロ**，**ハ**，**ニ**）が書いてある。それぞれの問いに対して，答えを1つ選びなさい。

【注意】1．屋内配線の工事は，動力回路及び特記のある場合を除き　600V　ビニル絶縁ビニルシースケーブル平形（VVF）を用いたケーブル工事である。

　　　　2．屋内配線等の電線の本数，電線の太さ，その他，問いに直接関係のない部分等は省略又は簡略化してある。

　　　　3．漏電遮断器は，定格感度電流30 mA，動作時間0.1秒以内のものを使用している。

　　　　4．ジョイントボックスを経由する電線は，すべて接続箇所を設けている。

　　　　5．3路スイッチの記号「0」の端子には，電源側又は負荷側の電線を結線する。

	問　い	答　え
1	①で示す部分はルームエアコンの屋外ユニットである。その図記号の傍記表示として，**正しいもの**は。	**イ**．R　　　　　**ロ**．B　　　　　**ハ**．I　　　　　**ニ**．O
2	②の部分の最少電線本数（心線数）は。	**イ**．2　　　　　**ロ**．3　　　　　**ハ**．4　　　　　**ニ**．5
3	③で示す図記号の名称は。	**イ**．位置表示灯を内蔵する点滅器　　　　**ロ**．確認表示灯を内蔵する点滅器 **ハ**．遅延スイッチ　　　　　　　　　　　　**ニ**．熱線式自動スイッチ
4	④で示す低圧ケーブルの名称は。	**イ**．600V ビニル絶縁ビニルシースケーブル丸形 **ロ**．600V 架橋ポリエチレン絶縁ビニルシースケーブル **ハ**．600V ビニル絶縁ビニルシースケーブル平形 **ニ**．600V ゴム絶縁クロロプレンシースケーブル
5	⑤で示す部分の地中電線路を直接埋設式により施設する場合の埋設深さの最小値[m]は。ただし，車両その他の重量物の圧力を受けるおそれがある場所とする。	**イ**．0.3　　　　　**ロ**．0.6　　　　　**ハ**．0.9　　　　　**ニ**．1.2
6	⑥で示す屋外灯の種類は。	**イ**．水銀灯　　　　　　　　　**ロ**．メタルハライド灯 **ハ**．ナトリウム灯　　　　　　**ニ**．蛍光灯
7	⑦で示す部分の電路と大地間の絶縁抵抗として，許容される最小値[MΩ]は。	**イ**．0.1　　　　　**ロ**．0.2　　　　　**ハ**．0.4　　　　　**ニ**．1.0
8	⑧で示す図記号の名称は。	**イ**．引掛形コンセント　　　　　**ロ**．接地極付コンセント **ハ**．抜け止め形コンセント　　　**ニ**．漏電遮断器付コンセント
9	⑨で示す部分の接地工事の種類及びその接地抵抗の許容される最大値[Ω]の組合せとして，**正しいもの**は。	**イ**．A種接地工事　　10 Ω　　　　**ロ**．A種接地工事　　100 Ω **ハ**．D種接地工事　100 Ω　　　　**ニ**．D種接地工事　500 Ω
10	⑩で示す図記号の機器は。	**イ**．制御配線の信号により動作する開閉器（電磁開閉器） **ロ**．電動機の始動器 **ハ**．熱線式自動スイッチ用センサ **ニ**．力率を改善する進相コンデンサ

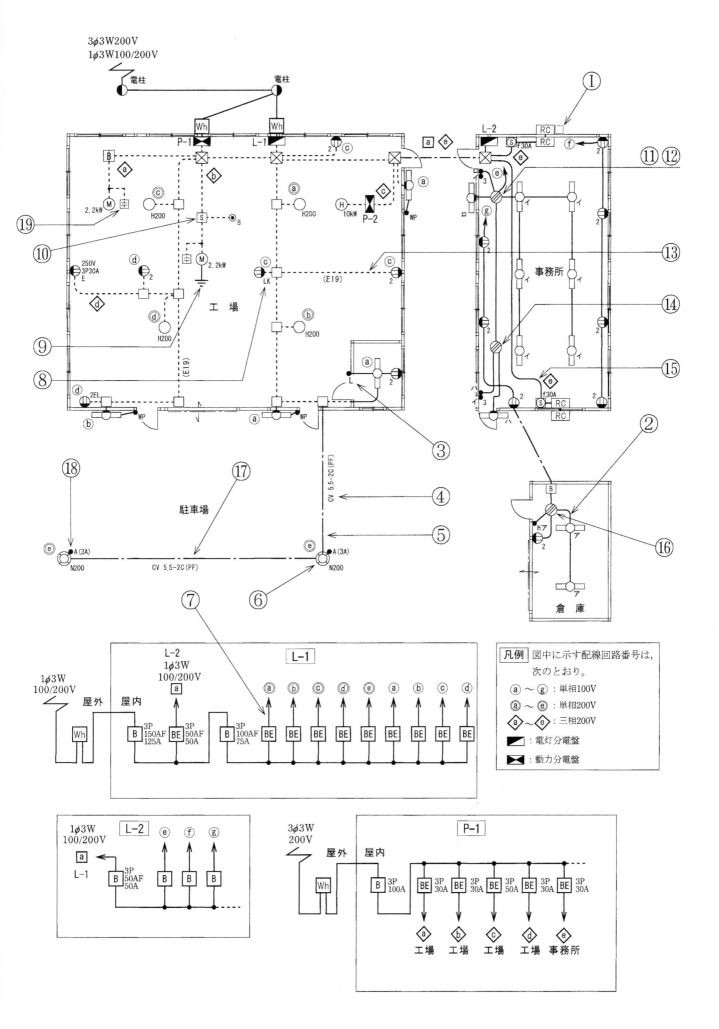

問 い	答 え			
11 ⑪で示すVVF用ジョイントボックス内の接続をすべて圧着接続とする場合，使用するリングスリーブの種類と最少個数の組合せで，**適切なもの**は。ただし，使用する電線はすべてVVF1.6とする。	イ. 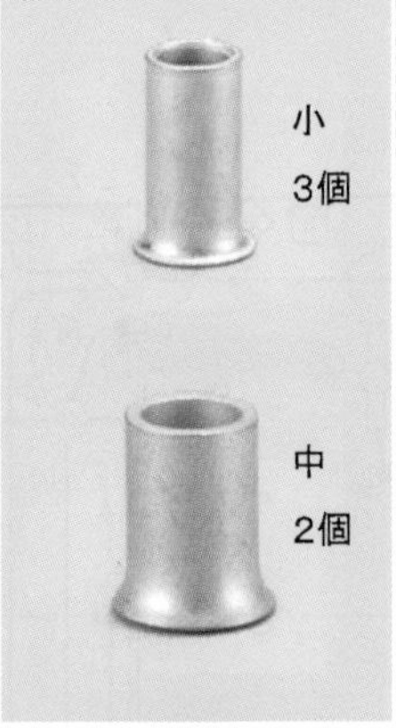 小 3個 / 中 2個	ロ. 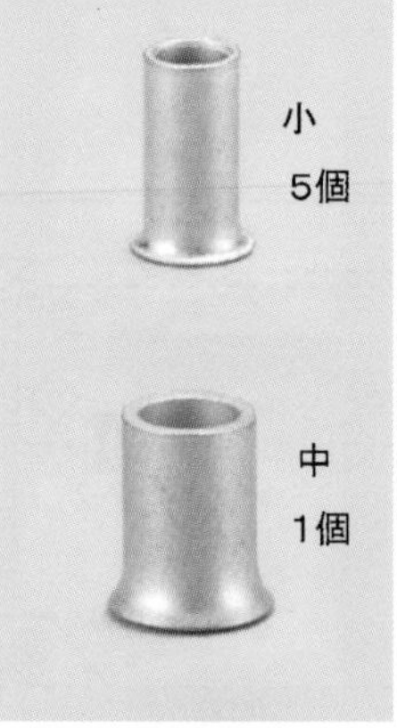 小 5個 / 中 1個	ハ.  小 5個	ニ.  小 6個
12 ⑫で示すVVF用ジョイントボックス部分の工事を，リングスリーブ E 形による圧着接続で行う場合に用いる工具として，**適切なもの**は。	イ. 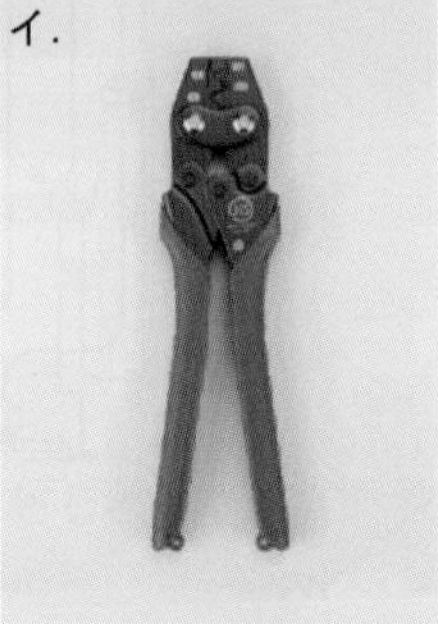	ロ. 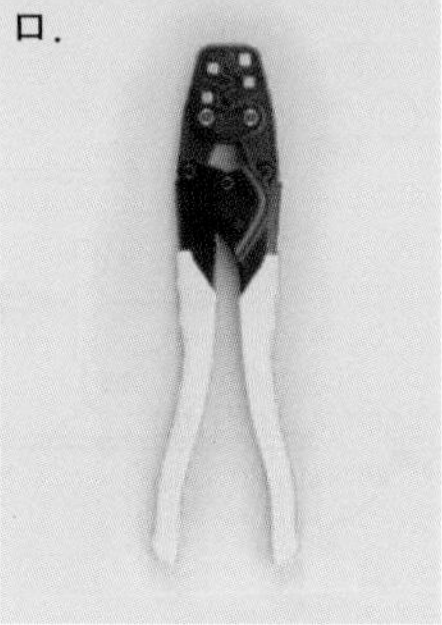	ハ. 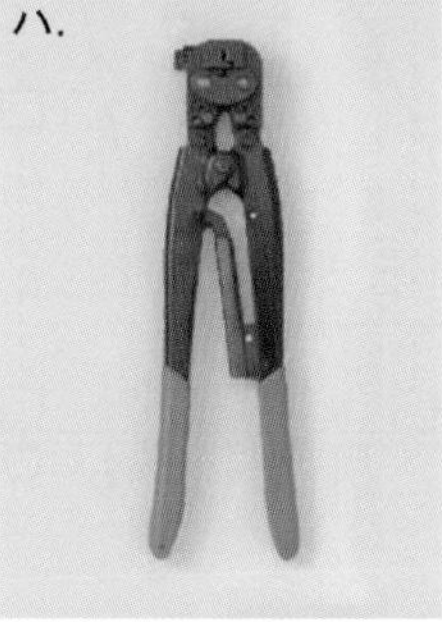	ニ. 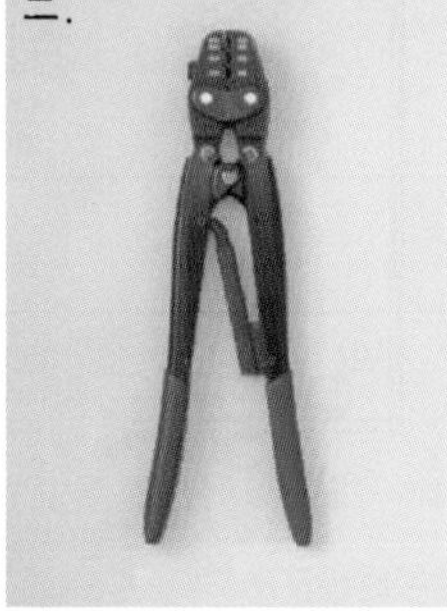
13 ⑬で示す電線管相互を接続するために**使用されるもの**は。	イ. 	ロ. 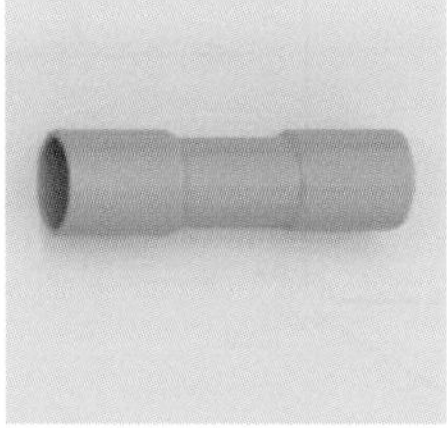	ハ. 	ニ. 
14 ⑭で示すVVF用ジョイントボックス内の接続をすべて差込形コネクタとする場合，使用する差込形コネクタの種類と最少個数の組合せで，**適切なもの**は。ただし，使用する電線はすべてVVF1.6とする。	イ.  4個	ロ.  5個	ハ. 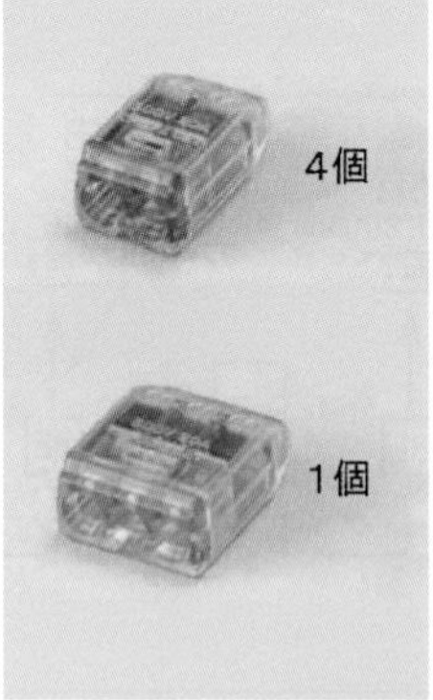 4個 / 1個	ニ. 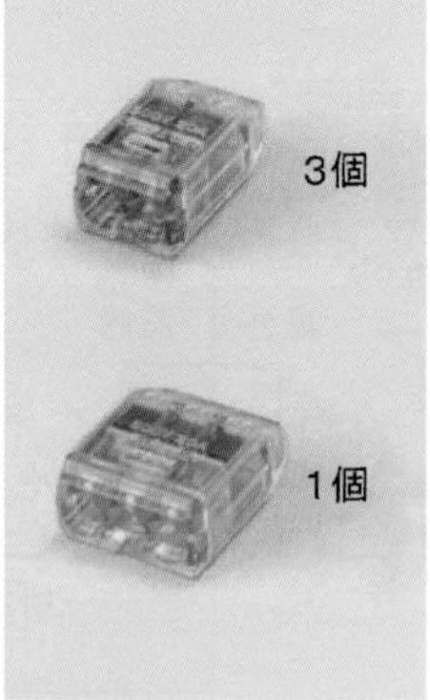 3個 / 1個
15 ⑮で示す回路の絶縁抵抗値を測定するものは。	イ. 	ロ. 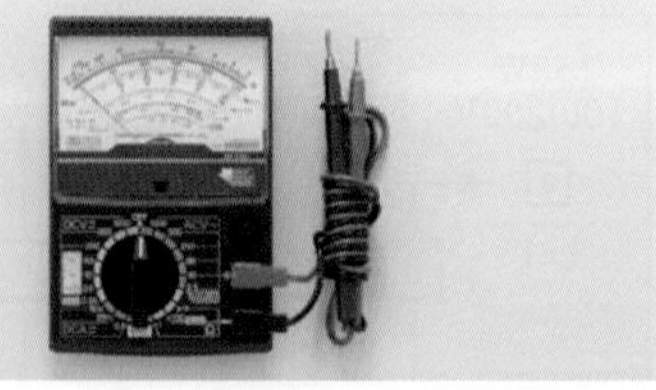	ハ. 	ニ. 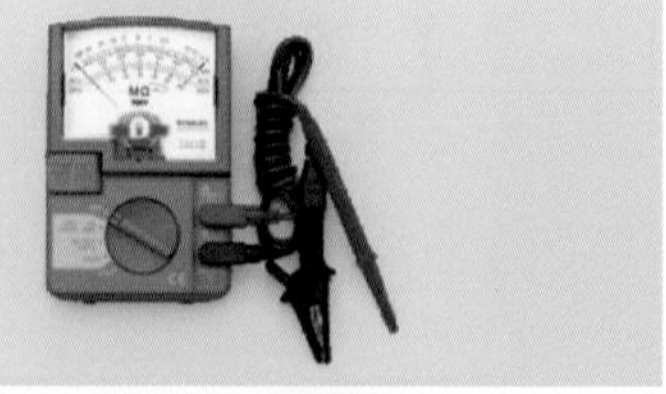

問い	答え			
16 ⑯で示す部分の接続工事をリングスリーブ小3個を使用して圧着接続した場合の圧着接続後の刻印の組合せで，**正しいものは。** ただし，使用する電線はすべて VVF1.6 とする。また，写真に示す**リングスリーブ中央の〇，小**は接続後の刻印を表す。	イ. 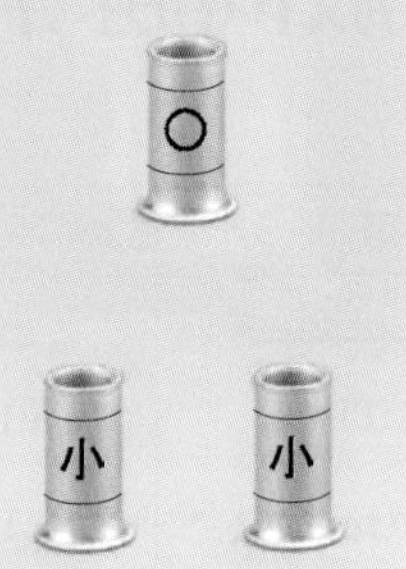 〇 小　小	 ロ. 小 〇　〇	 ハ. 小 小　小	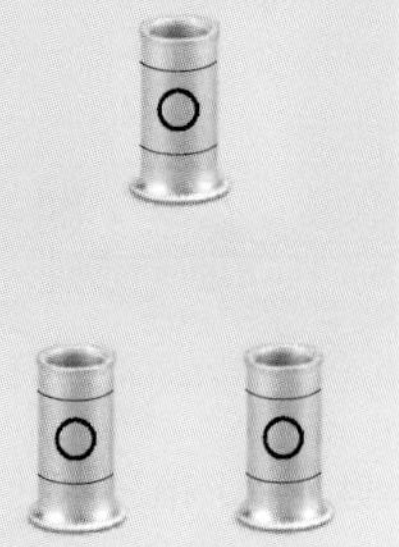 ニ. 〇 〇　〇
17 ⑰で示す地中配線工事で使用する工具は。	イ. 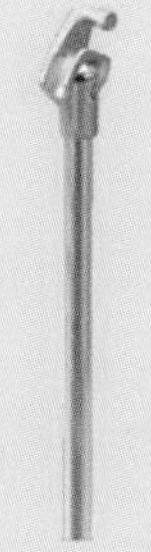	ロ. 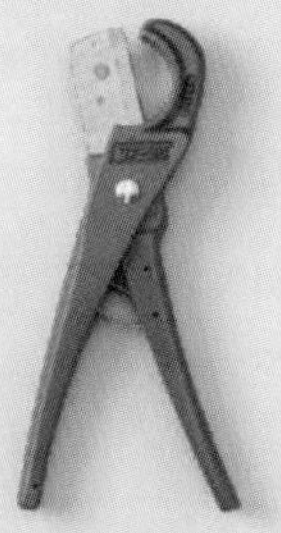	ハ. 	ニ. 
18 ⑱で示す図記号の器具は。	イ. 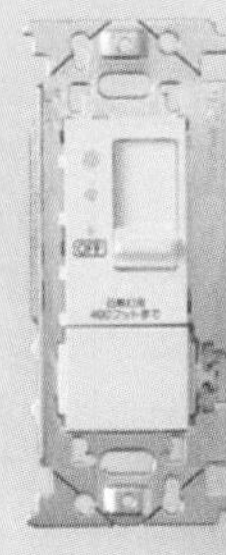	ロ. 	ハ. 	ニ. 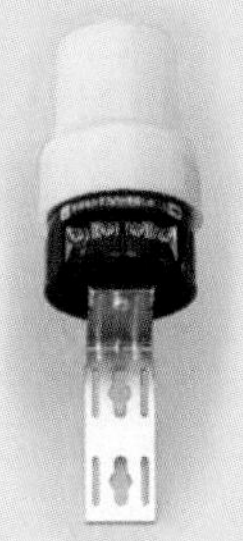
19 ⑲で示す図記号の器具は。	イ. 	ロ. 	ハ. 	ニ. 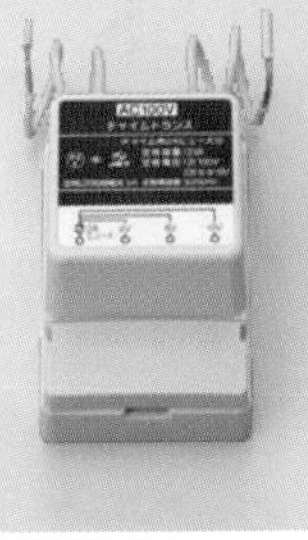
20 この配線図で，**使用されていないスイッチは。** ただし，写真下の図は，接点の構成を示す。	イ.  （防雨形） 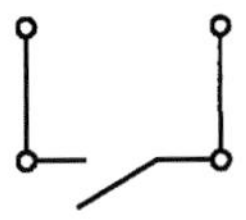	ロ.  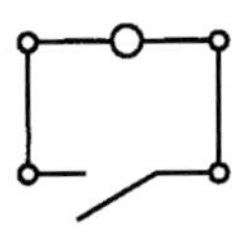	ハ.  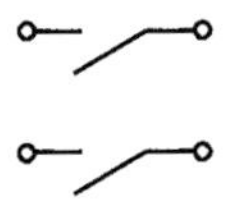	ニ.  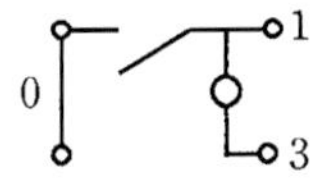

配線図に関わる一般問題等

	問	イ	ロ	ハ	ニ
1	低圧屋内配線の図記号と，それに対する施工方法の組合せとして，正しいものは。	——— /// IV1.6（E19） 外径 19〔mm〕の薄鋼電線管で露出配線として工事した。	——— /// IV1.6（PF16） 内径 16〔mm〕の合成樹脂製可とう電線管で天井隠ぺい配線として工事した。	——— /// IV1.6（VE16） 内径 16〔mm〕の硬質塩化ビニル電線管で露出配線として工事した。	——— /// IV1.6（19） 外径 19〔mm〕の鋼製電線管（ねじなし電線管）で天井隠ぺい配線として工事した。
2	低圧屋内配線の図記号と，それに対する施工方法の組合せとして，正しいものは。	----///---- IV1.6（E19） 厚鋼電線管で天井隠ぺい配線工事。	——— /// IV1.6（PF16） 硬質塩化ビニル電線管で露出配線工事。	——— /// IV1.6（16） 合成樹脂製可とう電線管で天井隠ぺい配線工事。	----///---- IV1.6（F2 17） 2 種金属製可とう電線管で露出配線工事。
3	低圧屋内配線工事で 600V ビニル絶縁電線（軟銅線）をリングスリーブ用圧着工具とリングスリーブ（E 形）を用いて終端接続を行った。接続する電線に適合するリングスリーブの種類と圧着マーク（刻印）の組合せで，**不適切なものは**。	直径 2.0mm 3 本の接続に，中スリーブを使用して圧着マークを**中**にした。	直径 1.6mm 3 本の接続に，小スリーブを使用して圧着マークを**小**にした。	直径 2.0mm 2 本の接続に，中スリーブを使用して圧着マークを**中**にした。	直径 1.6mm 1 本と直径 2.0mm 2 本の接続に，中スリーブを使用して圧着マークを**中**にした。
4	写真に示す器具の用途は。 	照明器具の明るさを調整するのに用いる。	人の接近による自動点滅器に用いる。	蛍光灯の力率改善に用いる。	周囲の明るさに応じて街路灯などを自動点滅させるのに用いる。

索　引

第二種電気工事士筆記試験合格テキスト

1997 年　初　版　　　発行
2024 年　改訂 28 版　　発行

Ⓒ 著　者　岡本　勲 ，電気工事関係者

著者略歴

（元）県立大野工業高校、敦賀工業高校、若狭東高校電気科教諭

発行所　梅田出版

〒530－0003　大阪市北区堂島 2 丁目 1－27

TEL　（06）4796－8611

FAX　（06）4796－8612

印刷所　㈱太洋社